全家便利商店
上田顧問的
元氣相談室

上田準二——著
鄭曉蘭——譯

とっても大きな会社の
トップを務めた「相談役」の相談室

前言

大概是二〇一六年的冬天吧。「日經 Business」編輯部的大竹剛先生提出「要不要寫寫看煩惱諮商」的時候，我還是「FamilyMart UNY 控股」（FamilyMart UNY Holdings Co.,Ltd，日本全家便利商店母公司）的社長。當時覺得自己是社長，才會得到這個邀約，但沒過多久我就卸任，成了公司的「諮詢顧問」。本以為先前的邀約大概會因此泡湯，沒想到對方竟然說：「您成為諮詢顧問啦！那與我們的企畫更不謀而合呢。」我也希望我這一路走來的經歷或見聞能幫上大家一點忙，所以就答應了。

我過去也和大家一樣，每當窮途末路、束手無策時，就忍不住覺得這世界太沒天理了，納悶「自己為什麼會這麼慘」。但是呢，只有陷在漩渦裡才會那麼想；熬過了，回頭再看那一段，很多時候會覺得其實也沒那麼辛苦。

也不是說今後人生就陷入一片黑暗，而且也不是只有你特別、獨自被逼到那種境地。換句話說，想到還有很多人也覺得沒天理，都在煩惱，這點是很重要的。如此一來，就不會覺得那麼孤單，心情也能稍微輕鬆一些。還有很重要的一點，就是「不論任何人，都絕對能擺脫谷底」。我想，只要如此堅信，心情就能跟著轉換，同時讓人採取相對應的行動，狀況也能逐漸好轉。

與主管或部屬的關係、本身的工作環境、萌芽的情意……。

我真的不希望大家面對人生眾多煩惱時，只能呆站在原地、自暴自棄。所以想對懷有煩惱的人送上這樣的聲援：「打起精神來！鼓起勇氣往前踏出一步吧！」如果能做到，絕對能慢慢發現新目標或夢想的。

越是痛苦的時候，越希望大家堅定擁抱「活力、勇氣、夢想」。

如果我的建議能讓大家擁有這些，就太讓人開心了啊。

第3章 改善戀愛、生活模式 167

第1章

改善職場人際關係

Q 受夠了只看主管臉色的組織

我將近二十年都在某中堅企業負責業務工作。前年，得知同業界的大公司招聘管理者，我獲得周遭鼓勵參加該公司的轉職人才招募考試，結果考取，順利轉職。

只是才剛進入新職場，隨即察覺新公司是個完全不顧客戶，只看主管臉色的組織。

「工作，不是只為主管做的。」我這麼想，會很奇怪嗎？

而且，我也在職場遭受職權騷擾，開始失眠了。目前先減少業務量，勉強還能工作。

（44歲　男性　公司職員）

這情況很常見呢。不論任何組織，都存在著對於「只看主管臉色」的不滿。就算公司文化再怎麼開放自由，還是會有部分員工懷抱「那傢伙只會諂媚主管」、「對主管察言觀色、手腕高明」等心情。

只不過，希望你好好想想。所謂的公司或組織一定會有主管。有一些公司或許是經由選舉決定主管，但是一般來說，自己是無法選擇主管的。可以嘗試在此前提下，思考看看「主管」是什麼樣的存在。

主管也是一路磨練升上來的

主管的職責在於管理部屬，為了提升業績，營造出容易投入工作的環境，下達指示。我雖然不了解你的主管具體來說採取什麼方式，但是他也是歷經相關經驗，才成為主管。意思是說，他之所以能成為今天的管理職，背後自有原因；主管也是憑藉自己的本事，一路磨練升上來的。

這樣的主管，會對你下達各種指示，又或抱怨你的工作方式吧。要是你對此撇頭，無視主管，是無法以組織成員的身分工作的。

只是，如果這位主管是一位個性強烈的人，又該如何相處呢？那就需要多下一番特別的工夫了。

能想開點，「這位主管就是這樣的人」

要是主管是位個性強烈的人，首先要掌握主管個性，思考該如何因應才能讓事情順利進行。我也是。每次只要遇到不同的主管，向來會先解讀主管性格，再決定每次工作的作法或其他因應。

這裡說的「因應」，並不是說要你「配合主管性格，改變自己」。而是要乾脆想開，「這位主管就是這樣的人」。在此基礎上，思考「要如何因應，這位主管才會高興」、「要怎麼做，才能改變他對自己的看法」，這是很重要的。

這跟「巴結主管」不同。身為組織成員，必須將這件事想成「這也是自己工作的一部分」喔。

必須忍耐的，不是只有你一個人

這世界上到處都是「難搞的主管」。

例如，有主管明明沒有任何指示，只看最後結果，然後才像雞蛋裡挑骨頭的抱怨什麼「怎麼只做出這樣的營業額跟收益呢」、「商品採購的方法不對吧」。在最後階段，才跑來大發雷霆呢。結果，還會補幾句「像你這種人最爛了」、「像你這種人，從我們課裡滾出去啦」等否定人格的話。咦？這似乎不像在舉例耶，心裡浮現特定臉孔了嗎（笑）。

不過呢，我在這裡想說的是，要是一開始劈頭就說那位主管是職權騷擾啦、那個主管沒用啦，慢慢的就會在組織裡失去容身之處的。我要再重複一次，很遺憾的是，主管是沒得選的。

不論哪種主管，你所遇到那位主管擁有的性格，說好聽一點或許可以說是「個人風格」，總之就是有必要稍微去配合的。如果能讓自己盡可能去配合一下，之後的世界或許也會隨之改變。

當個「應聲蟲」，被討厭的風險反而是很高

當然，沒必要凡事配合。那樣的話，就只是一隻應聲蟲而已。持續當應聲蟲一段時間後，主管也會覺得「這傢伙就只會諂媚奉承而已」，慢慢的不會再喜歡你了。做過頭的話，反而會被主管嫌棄。所以，做應聲蟲也真是件難事。

我就常這麼說啊：有人光靠諂媚奉承爬上董事之位，那種人也有其過人之處。像我，就算別人叫我去做，我還做不來呢。

那樣的人即便被周遭說什麼「應聲蟲」、「哈巴狗」、「諂媚奉承」，卻始終能做到「不至於讓主管生厭」恰到好處的諂媚程度。這也可說是身為組織成員的一項能力呢。

所謂的「公司」，基本上就是以組織形式在運作。其中當然就會有上位者、有主管、有同事。能否在組織中生存，取決於如何與彼此好好溝通。

說到溝通方式，當然會希望你能好好去看主管臉色。像交響樂團，視線也會聚焦於揮舞

指揮棒的指揮吧。

如果能營造出一個讓個人呈現出絕佳表現，同時又能彼此自然連動的組織，是很棒的一件事吧。

像你的情況，這位主管或許極度直來直往，個性又古怪，只能說成為那種人的部屬真的很可憐。

我也覺得，這位主管對所有人應該都是採取相同作法。不過到底是什麼原因，造成那位主管出現這麼過分的狀況呢？首先，可能要先釐清這個原因。身為部屬，該怎麼做才能避免主管出現古怪行動呢？思考這些，也是很好玩的喔。

與主管和平共處也是工作的一環

我已經說過很多次，「公司」就是有組織存在，也絕對有主管。要是部屬都不顧主管臉色，那麼部門就完了。

當然，身為上位者，讓部屬主動望向你的溝通能力是不可或缺的，而且也必須具備讓人信賴的德行吧。而否定他人人格之類的職權騷擾，可惡至極。這一點是不會錯的。

既然彼此都是人，主管就絕不可能與所有部屬同樣合拍。所以，只要部屬也是組織的一分子，就必須具備巧妙駕馭主管的技能。請把這種技能想成是工作的一部分喔。

必須不懈怠的「努力融入組織」

你的情況是「轉職入社」，如今只有乾脆的想開，認清之前的職場與企業文化就是與這裡不同，然後慢慢融入組織，認清這裡就是工作時必須隨時意識到主管心意的公司。既然如此，就只能忍耐一段時間做做看了，對吧？

要是說什麼「諂媚奉承，我才做不來呢」、「工作還要對主管察言觀色，哪做得到啊」，前程是會慢慢被葬送掉的。要是對於努力融入組織有所懈怠，就算換地方工作，也會發生同樣問題的。

請你這麼思考，對你而言或許是最糟糕的主管，但是巧妙駕馭主管，也是身為組織成員、商務人士必備的能力之一。

A

不管到哪裡，主管都是沒得選的。必須一邊忍耐，盡可能稍微「配合」。

Q

主管毫無危機感

我目前任職的公司是一般所謂的「大企業」。根據近年報導，即便是歷史悠久的企業，也有業績瞬間滑落、經營根基搖搖欲墜的事例，所以激發我強烈的危機感，擔心自己工作的公司不知道什麼時候會發生什麼事。

日本不論任何企業或許都有以下問題，像是公司內部的垂直領導組織、自家公司研發產品或企畫的減少、資訊無法共享等，公司真的有很多問題或應該改善的地方。所以我基於「不知道哪天輪到我們遭殃」的心情，竭盡所能拚命構思提案。

在此情況下，當我故做輕鬆的跟直屬主管說，想針對公司的將來交換一下意見，主管卻一笑置之說：「到底在不安什麼啊。」

其他部門有一些上位者會認真聽我說話，但是周遭還真沒什麼人懷抱危機感。要怎麼樣才能讓大家對於公司的將來懷抱共同的危機感，不受各自立場束縛，一起從不預設立場的觀點出發，討論公司的將來呢？然後，要怎麼樣才能由下而上的營造出那種氛圍呢？如果能從您這裡獲得一些啟發，那就太好了。

（32歲　男性　公司職員）

你跟我十七年前來到「全家」的時候好像。當時面對強敵「7-11」，公司內部出乎意料的完全沒有危機感呢。

當時的「全家」還只會模仿頂尖的連鎖超商，儘管賺不多但剛好能做出利潤的公司。然而，我只要一想到時日方長，就懷抱著危機感。

我在二〇〇〇年來到「全家」，二〇〇二年成為社長。正好是在邁入二十一世紀的時候呢。記得我在成為社長後，是這麼說的：

「我們公司一直以來在競爭和緩的業種中，憑藉表面模仿，才做出區區這種程度的利潤，但是今後即將邁入激烈競爭的時代。即便是超商業界，也即將邁入只剩兩、三家存活，其他都會慢慢被淘汰的世界。到那個時候，我們會是存活下去的勝出企業嗎？」

我當時認為，公司維持老樣子是無法勝出、持續存活的。所以毅然決然決定實行五大結構改革。業務改革、組織改革、意識改革、人事制度改革，還有成本改革。因為我懷抱著不那麼做，十年後公司就不復存在的危機感。

想讓人傾聽意見，只能在工作上做出成果

如果問我，結構改革時需要什麼，答案確實像你所說的，就是懷抱危機感的員工。「公司狀況並非萬無一失」、「說不定會倒呢」，我思考的是讓懷抱這種意識的員工以更強力道發聲。聽起來，你對缺乏危機感的主管很不滿，不過為了避免公司走上破產一途、持續發展，的確需要像你這種員工喔。

也因此，你可不能為此陷入苦惱或喪失拚勁。公司有像你這樣的員工存在，絕對有人看在眼裡的。

只不過，如果只會批評說我們公司不行、那個不行、這個不行的，也不會有人採納你的意見。首先，必須先從自己被賦予的場域裡、被賦予的職位上，做出成果才行。

你要在工作上好好做出成果，持續提出建言。因為一味批判，對公司、對你自己本身，都沒有任何助益。

盡力構思提案很重要，也很棒。只是另一方面，同時要做的是，在組織賦予你的場域中做出成果。那麼一來，大家就會開始採納你的意見了。

貌似視若無睹的主管，其實都有在聽

身為主管，也不可能很有耐心的以簡潔易懂的方式對每個部屬說明一切。話雖如此，也沒必要因此氣餒的認為「我說的，主管都沒聽進去」。

根據我的個人經驗，我在任職「伊藤忠」時期，只要對主管提出什麼意見，常會得到「你啊，別想這些。反正，今天先去忙你的商務會談再說」的回應；但是我手上沒有任何可用的武器，又完全不懂商務會談進行時的方針或公式。主管也不可能手把手的一切都仔細教導。

即便如此我還是乖乖照做，在投入商務會談的過程中，儘管提出什麼意見都會被忽視，還是不放棄的一提再提，「沒想到，那傢伙提的意見很好耶」的記憶就會逐漸烙印在主管腦海。慢慢的，會萌生「那傢伙，倒是很有拚勁嘛」、「那個意見很需要勇氣耶」等印象。

只是不論嘴上說得再漂亮，要是無法在目前職位做出成果，提出的意見都會不受重視。也就是說，會被人家以像是「話是這麼說沒錯啦，但那傢伙在工作上做出多少成果」的感覺，同步審視。所以只要確實做出成果，主管也會開始認真評估你的意見。

三十歲前後，正是想發表意見的年紀呢。正因為如此，只要持續藉由目前投入的工作磨練自己，持續懷抱那樣的危機意識、問題意識，總有一天絕對會獲得主管賞識的。

說到底，慢慢做出成果是很重要的喔。

在工作上，今天比明天更好，今年比明年更好，像這樣持續累積實際成績。那麼一來，主管反而想主動接近，希望聽聽你的意見。像是「上田，你是基於什麼樣的想法才會這麼做的呢」。如果能做到那樣，你提出的意見獲得主管採納的機率就會慢慢增加了。

三十多歲，不能懷抱「人生依附於公司」的想法

換句話說，「首先請嘗試磨練自己」是我本次諮商的第一個回答。不論是多大的公司，都會遭遇某種形式的轉捩點或轉機。也有大型企業對此渾然不覺、渾渾噩噩度日，一回神就倒閉了。只是，三十出頭的你不需要因為這種事情過度煩惱。請嘗試專注審視自己在被指派的世界中能做出多強大的成果。

要是三十幾歲就太鑽牛角尖，只想著依附公司的人生，甚至會限縮自己的可能性喔。

A

累積實際成績，成爲主管願意傾聽意見的部屬。

Q

難以忍受被部長莫名其妙的飆罵

有項業務我根據課長指示去做，結果失敗了。得知業務失敗的部長氣憤不已，但不是對課長，而是對我大發雷霆，飆罵：「你是白痴嗎你！去從入社面試重新做起啦！」

做錯這件事的，不是下達錯誤指示的課長嗎？我覺得，跑來找我大發雷霆的部長真的很有事。只把我一個人罵到狗血淋頭，很怪吧？

老實說，我再也受不了繼續待在這種莫名其妙的職場裡了。

（28歲　男性　公司職員）

我也一樣，曾被持續飆罵了三年

其實，我剛進入「伊藤忠商事」工作時，曾有過跟你一模一樣的遭遇。當時有位課長，下面還有位課長代行，而我只是其中一位下屬。有一天，部長突然說：「喂，上田。」就叫我過去。

當時，課長就坐在部長隔壁喔。儘管如此，他還是啪一聲秀出交易契約之類的文件，飆罵說：「匯率相關處理，是在搞什麼東西啊！」

我負責的交易是牛肉進口商品，當然會受匯率影響。但是，一旁的課長卻是一副「我可沒聽說過這件事」的表情，只會裝傻。我當時不禁覺得「為什麼是我被部長罵啊？去找課長說啊！」畢竟每週召開課內會議，都是課長在下達指示說之後做這個做那個的耶。然後，我只是聽命行事而已啊。

但是，我卻突然被叫去部長會議。說什麼課長無法應對，你不趕緊過去，會議就沒完沒了……沒辦法我才過去的，不是嗎？結果，部長卻是一副「就等你來」的感覺，劈頭就罵：「上田！」類似這種莫名其妙的大吼，直到那位部長轉任之前，持續了三年之久。

事後才得知，部長對我讚不絕口的事實

只不過呢，那位部長職務調動後，新部長是這麼對我說的。

「上田，之前的部長對你讚不絕口呢。」

我本來一直覺得之前的部長是個「混蛋」，所以大感意外。

我問新部長是怎麼一回事，對方解釋整個課原本應該根據課長方針而行動，但部長不找課長，反倒直接找我談，足見部長平常是多麼關注我了。

所以，我也想對你這麼說。那位部長很關注你；而關注，代表對你懷抱期望。

只會心煩氣躁也無濟於事

我起初也無法認同。

「那種事去找課長講啊，為什麼找我呢。這是課長的責任吧。」懷抱這樣的情緒而無法釋懷，但是聽繼任部長那麼一說，才轉念想「且慢」。

部長之所以會越過課長直接找我，是覺得比起課長找我比較安心，事情會比較順利啊。與其焦躁胸悶的認定：「課長為什麼不自己解釋清楚呢」，想成是「課長也覺得由我直接跟部長說，比較容易溝通」，或許比較好。

所以說呢，不論部長或課長，都很信任你喔。請嘗試將他們的反應這樣解讀吧。

或許是因爲出身秋田，才忍得過去

順帶一提，我能持續忍耐三年之久，大概跟我出身秋田也有關係吧。我已經習慣所謂的「莫名其妙」了啊。從小就是如此。東北的冬天自然環境就是很莫名其妙呢。

我早已習慣莫名其妙，也覺得「挨罵同樣是工作的一環」，所以能持續忍耐，想說「我拿的部分薪水，就是用來讓我挨罵的。這也是工作之一」。也想說，反正總有人要挨罵，只是那個人正好是我而已。反正呢，被罵又不會要我的命。如果說要我把手臂斬斷、腳切掉，那就必須反抗，但事情並沒有那樣啊。

當然，職權騷擾是不行的，絕對不行。

所以，如果可被視為職權騷擾的莫名其妙行為持續下去，又或者已經告發現狀公司體制卻始終沒有獲得改善，那麼也請考慮辭職的可能性。只是希望你注意的是，要是自己懷憂喪志，陷入負面思考，就算轉職也不會太順利的。因為懷憂喪志時，做什麼都不會順利的。

我會這麼說，其實是因為自己也曾陷入憂鬱症狀態，所以非常了解那種心情。

英語一竅不通，卻被派到芝加哥……

我是在任職「伊藤忠」時期，到芝加哥工作時陷入憂鬱症狀態的。我對英語一竅不通，社內的英語會話考試還拿到不合格的「C」呢。

部長要我去，我雖然抗拒說：「不行啦，我的出國考試是C耶。」但部長卻說：「你在說什麼東西啊。英語那種東西，到那邊去就會了啦，過一、兩年回來，再補考就好啦。」

他說，不及格沒關係，去就是了。還說，外面一大堆會說外語的人，就是不會做生意，但你是會做生意的。

「不是啊，我也是因為會日語才能做生意呀。」就算我不死心，繼續抵抗，他還是聽不進去，只說：「這跟語言沒關係。做生意靠的是與生俱來的直覺。」就這樣，我硬是被派到芝加哥。

果不其然，我英語完全不通。在電梯遇到支店祕書，也裝作沒看見，只想著「拜託，別找我說話」。那是位年長的阿姨，老用速度很快的英語對我滔滔不絕的說個不停。我的辦公室位於八十三層大樓中的第五十五樓，每天早上搭電梯上去時總是備受煎熬。

電梯裡也有其他職員，她卻一直找我說話。我滿心只想著「拜託別找我說話」，但又不知道她說些什麼，所以只會回答：「Pardon（抱歉，妳說什麼）？」即便如此，她又對我說了什麼，我只好再說一次：「Pardon？」然後她又繼續說了什麼，我又回答說：「Pardon？」就像這樣重複對話。

結果，她漲紅了臉，就那樣滿臉不高興的搭電梯下樓去了。後來，我被主管叫過去，那時候才知道她到底說了什麼。她說：「我好丟臉。對上田先生說『Good morning』，結果三次都被回『Pardon？』。」聽說她氣壞了呢（笑）。我的英語，就是糟糕到那種地步。

當然，商務工作也沒辦法好好做。

電話響起，也不想接。還被東京那邊罵說：「到底是怎麼搞的！」不論是說或聽英語，都覺得厭煩，覺得再這麼繼續下去，電量就會耗盡動彈不得，甚至連家門都不想走出去。

那時候，我二十八歲。與尋求諮商的你正好同年。

然而，後來出現了轉機。

當時的芝加哥，中上階層人士都住在郊外，一過五點，城裡所有人就一哄而散。我也有段時間是在郊外租公寓住，想說住在這種地方只會越來越消沈，後來就搬進一廚一房格局的市中心公寓。新家所在的區域看起來似乎住著很多低所得階層。我那時候想說自己也沒地方可去了，不過因為愛喝酒，一個人不乾不脆的喝悶酒也不是辦法，所以決定到市中心酒館一家接著一家喝。

結果，就有喝醉的美國人來找我攀談。很有興趣的想探聽「這日本人怎麼回事啊？」

到市中心酒館一家接著一家喝

那時，調酒師用眼神似乎在對我示意：「你啊，那些傢伙的酒錢如果不一起付掉，待會兒可是會惹麻煩的喔。」我無可奈何只好請客。結果，我也搞不清楚怎麼回事，總之對方就對我說了很多話。

我想對方也知道「這傢伙英語很糟」，但大概是請喝酒的效果，都刻意慢慢跟我說話。然後，我只要一問：「Pardon？」對方就會把字寫在杯墊上，或者好好教我。

酒館成爲絕佳的英語會話教室

例如，我想用英語說「二月（February）」，卻說出了「嘿餔拉力（Hebruary）」，對方就會說：「NO～NO～你F跟H的發音不會分耶。」（笑）

對方還會跑來說：「我說你啊，肚子餓了吧？我去買點什麼來給你吃吧。」我說「漢八嘎」，對方聽不懂。我後來沒辦法，用文字寫在紙上，對方才糾正我說：「那個你要說『hamburger（漢堡）』啦。」

我用英語說「給我水」，對方也聽不懂。我國高中明明學的是「哇特（water）」，結果聽說美國人要講「哇啦」。就連「艾、阿姆、啊、波伊（I'm a boy）」，他們的發音也是

「阿面波～」。

後來，我們以類似的方式常在酒館碰面，對方也開始會主動過來說：「好久不見，最近工作很忙喔？」

我當下也不以為意，但大概半年後，前面說過的那位祕書竟然這麼說：「Mr. 上田，你的英語會話進步神速耶！」

之前有什麼事拜託她，都被當空氣，從此之後慢慢會聽我說話，還被誇獎說：「Mr. 上田開始講起黑人腔調英語囉。」（笑）

以我的情況來說，結果讓我擺脫憂鬱狀態的契機，竟然是因為愛喝酒，到外面去喝一杯，而且在日常生活開始以英語溝通後，我的英語障礙也慢慢迎刃而解。

我這段想要說什麼呢？意思是，如果多少還殘存一些元氣之火，不論是多麼微乎其微的行動都好，轉個念，嘗試採取不同行動，或許就能重燃元氣之火喔。

當然，想擺脫沮喪狀態是很艱辛的。「那種契機，哪有那麼容易找到！」有人會這麼說吧。所以，為了因應這種時刻，我來傳授我最擅長的一招吧。

誦唸「元氣、勇氣、夢想」

這個方法就是，每天早上刷牙或睡覺時，像唸經一樣誦唸「元氣、勇氣、夢想」。請懷抱「到昨天為止的討厭事物全部重設」的心情，將心重新歸零，不管三七二十一就這麼誦唸。只唸一天，心情是不會變好的喔。但是如果能持續一週或十天天，應該就能逐漸萌生「一定要想辦法脫離這種狀態才行」、「元氣光芒一定存在，來找找看吧」這樣的情緒。

也可以改變住處。如果能多少改變當前身處的環境，就能重新歸零。然後，嘗試尋找光明吧。

A

主管嚴格，代表被賦予期待。別灰心喪志，持續向前邁進吧。

Q

身爲正式職員，主管卻每天遲到

我任職於食品製造業，有位主管每天上班大概都會遲到一小時，誇張的時候甚至三小時左右。

那位主管遲到期間，我除了本身的工作，連他的工作都得一併處理。我覺得很累，也不想做，但是不在那段時間內把工作做完，產品品質就會下降，沒辦法我只好硬著頭皮做。

但是那位主管一上班，別說感謝了，反而一副「多管閒事」的態度。他的工作平常我也負責過，不是說我做起來有什麼疏失或

作法不好。感覺就是別人插手自己的工作，他心裡不爽快罷了。

既然如此，別遲到不就結了？我雖然這麼想，卻無法直接指正，內心鬱悶持續累積。

我絕對不希望產品品質下降，所以在主管抵達前，幫他處理工作也無所謂。但是幫忙工作，還要看主管臉色，就會覺得難受。我該用什麼樣的心情面對呢？

（30歲　女性　打工、兼職員工）

遲到理由眞的是「混水摸魚」嗎？

我也曾在食品工廠工作過，所以很了解妳的情況喔。妳似乎認為主管遲到了，但主管不一定是因為懶散才晚到現場的。

首先，不只食品工廠，許多工廠一般而言都有作業手冊、品質管理手冊、作業工序手冊等各種手冊，工廠是根據這些手冊運作的。

所以，以這位主管的情況看來，就算作業正式開始後的一、兩個小時不在，我想應該也都有好好的巡視工廠。

否則，不會像這樣每天連續遲到的。

而且，要我想像他的遲到原因，還可以

想到在別的地方工作的可能性。

我以前也做過某公司食品加工中心的最高負責人。我被調到那裡，兼任營業本部長與加工中心最高負責人。目的是讓製造販售合為一體。

身兼二職讓我了解到，像盂蘭盆節★或歲末年終因送禮需求量大增，訂單突然爆量時，工廠現場就必須採取與平日作業不同的工序因應。也就是說，明天開始就必須立刻改變作業方式。

此外，接到與之前截然不同的商品訂單時，也必須改變一直以來的作法。總之呢，狀況五花八門就是了。

那麼一來，由於工廠與總公司在不同地方，比起用電話指示，有時候實際到總公司去當面談會比較好。

例如，突然接獲提供給外食產業的炸雞訂單；另一方面，同時進來一筆提供給超市雞肉蔬菜鍋的肉雞加工訂單。假設發生這種狀況好了。

此時，可能必須好好討論該利用多少人力資源，該如何改變生產線的作業工序才行。

在此期間，不只中心最高負責人，包括主任啦、課長之類的，往往都無法到現場。就算在作業開始前一小時開會，討論決定事項，會議也可能遲遲無法結束呢。

「雙方沒有交集」對彼此都是不幸

總之，在這裡我想講的是，那位主管或許有他自己的理由。單純只是因為前一天玩太晚又或喝過頭，所以才上班遲到的嗎？又或者是在開會，導致抵達作業現場的時間有所延遲呢？

我還想到另外一點，就這位主管看來，妳細心代辦的作業，或許並不是寫在手冊上的例行作業。

這也就是說，主管的認知或許認為，既然是根據例行作業推動的製造工序，就算延遲一小時，作業本身也能進展到某種程度。

然而，當他一露面，妳就說：「我已經做完了。」如果那工作不是例行作業，他就會感

★譯注：盂蘭盆節為日本夏季祭祀祖先的傳統節日，類似台灣的中元節。

覺：「為什麼要去做那種事啊！」

我不清楚實際情況怎麼樣喔。只是，如果主管要求的是恪守作業手冊，就要想想「聰明反被聰明誤」的可能性喔。

主管所要求的是，不論自己在不在現場，員工根據手冊而行動。另一方面，很有責任感又機靈的妳，好像很努力的思考並積極幫忙，希望讓作業順暢安全進行。

像這樣雙方沒有交集，是會造成不幸的喔。明明自己這麼努力為公司、工廠著想，卻被說「為什麼要幹那種事啊」，不但努力沒有回報，工作動力還會下降喔。

如果因此覺得累積龐大壓力，就要老老實實跟主管說：「有事情想要商量。」

就這麼說：「您晚到工廠一小時的時候，我是基於這樣的想法，才會做那些工作，您覺得怎麼樣呢？我不是自作主張，只是想讓工廠更好才去做的。」

兼職女性是「工廠的重要資產」

我還記得擔任中心最高負責人那時候，一進現場就發現好多比我年長的大姊在那裡工作。實在不得不在意她們的感受呢。

我還常對中心主任、股長、廠長這麼說：「這間工廠的重要資產就是這些兼職女性。你們最重要的職責，就是營造出讓她們順利工作的職場環境。指示命令是否確切傳達讓她們每個人都了解？每天是否都能傾聽大家的不滿？這些就占大家工作的九成了。」

話是這麼說，總有些事就是沒辦法做到耶。有時候突擊現場親自去看看，就會發現大家在做不得了的事情呢。

像是，在生產線上製作的商品明明都改了，還在做跟以前一樣的作業。「為什麼在做這個呢？」一問之下會得到這樣的答案：「因為主任沒有任何指示，所以就用跟之前商品一樣的手續進行事前準備。」但事實上，這商品需要的是與之前完全不同的事前準備。

會發生這種事，都是主管的責任。都是因為主任或廠長沒有充分關注到每位兼職員工。

兼職員工在很多時候往往擁有強烈責任感，所以，會幫忙留意打點各種事情。不過當指示不夠確實，就可能沒頭沒腦的朝錯誤方向衝去。

原因在於溝通不足

正因如此，希望妳務必向主管說明心情。主管自己應該也能察覺「原來在妳眼裡看起來是這樣的啊」。他自己大概也還不清楚，遲到一或三小時，現場會發生什麼事吧。

不過呢，表現出「多管閒事」的態度，身為主管有失格調就是了。之所以會出現那樣的態度，恐怕也是因為這位主管自己都沒有事先說明作業排程吧。

工廠裡面，像這樣由於兼職員工與正式職員溝通不足而造成的問題，出乎意料的多。在食品工廠又特別多吧。因為製作的商品可能會有很多細節性的變化。

所以我以前每天早上在作業開始二十分鐘前，都會召集在工廠工作的所有人舉行朝會。各生產線主任，會以像是「到上個月為止的實際成績是這樣」、「不良品發生率是這樣」、「這禮拜要做什麼什麼，下個月開始接了這樣的訂單」等感覺，在兼職員工面前確實報告。

我之前擔任中心最高負責人的工廠，約有一二〇名從業人員，兼職女性員工粗估大概一百人，我自己認為，當時與她們相處愉快。

像是盂蘭盆節或歲末年終，我還常跟從業人員去旅行呢。去的時候，可累慘了呢。我真的是抱頭鼠竄耶，因為可能會被三至四位兼職員工圍攻，挨一記膝部墜擊（Knee Drop），或是睡著睡著棉被突然唰的被抽走。大姐幾乎都比我年長，所以根本是被當玩具玩呢（笑）。

A

主管遲到真的是偷懶嗎？數度深談，了解彼此吧。

Q

「KY★部屬」的態度，搞得自己心煩氣躁

我是商界新手，手下有部屬還不到半年的時間。

職稱雖然變成了「股長」，但我想要諮商的內容是，我手下有兩個部屬，其中一個完全不會讀空氣。每次一見那個部屬的態度，我就會開始心煩氣躁，常起衝突。

那個部屬不只對我，對客戶也常說出白目的話來，很傷腦筋。

我該如何與那個「KY部屬」相處，以後要怎麼教育，才能改善這種情況呢？

（27歲　男性　公司職員）

說起來，我家兒子有段時間也曾遭遇相同煩惱呢。他在家喝酒時，就常傾訴類似的事情。說什麼好不容易有了部屬，卻淨是些不中用的傢伙。「是嗎，那是什麼樣的人呢？」我一問，他就說「不會讀空氣」、「就是抓不到重點」。

我聽了，就這麼說。

「你的部屬，肯定也覺得你ＫＹ喔。」

我還說，既然你從部屬身上獲得這樣的感受，代表你也在對方身上反映了相同情緒。所以對方看你，也會有相同感受的。

可別小看「把酒交心」

那麼，該怎麼辦才好呢？就算在公司裡跟部屬談「讀空氣」這種話題，原本的關係大概也不會有什麼改變。而且相反的，還有惡化的危險性。

★**譯注：** ＫＹ源自日文發音 Kuki Yomenai（空気が読めない），意思為「不會讀空氣」，指不會察言觀色、搞不清楚狀況、不會看人臉色，也就是俗稱的「白目」。

想聊這種話題，不如離開公司，去居酒屋之類的店，邊喝邊聊就好。好好考慮各種用字遣詞，一邊道出本身的不滿，又或希望對方怎麼改。

雖然是很古典的「把酒交心」，但可不能輕忽以對。

如果能邊喝邊傳達自己的真實感受，對方起初或許會反駁，但是得知反駁的根據後，應該也能了解部屬是對什麼不滿。

只會抱怨部屬ＫＹ啦、不適合啦，但手下就只有兩個部屬而已，不是嗎？要是彼此無法好好溝通，那就暫時離開工作，選擇公司以外的時間與場所嘗試溝通看看。

沒有從根本相互理解，所以造成衝突

主管與部屬之所以產生衝突，是因為彼此覺得「為什麼會這樣啊」，也就是沒有從「根本」相互理解。只要從根本理解，就能萌生「啊，原來也有那樣的思考方式與價值觀啊」的全新覺察。

基本上部屬不幫忙工作，自己會很傷腦筋吧。你是股長吧。部屬搞出什麼問題，在「公司」這個組織中，上面對於「因為部屬ＫＹ」這種理由是不會買單的，結果還是股長的責任。

所以，不確實與部屬好好溝通，是不行的吧。

就算不是一對一的聊，兩個部屬都帶去，三個人一起喝也好。

如果三個人一起去，另一位部屬就能幫忙判斷哪個人說得對。簡單來說，另一位等於是裁決的角色。

你也有必要了解，自己在部屬眼中是什麼樣子喔。

你可能覺得絕對是因為「那傢伙不行」，但是自己也可能有不是之處呢。

彼此嘗試聊聊之後，往往會覺得「被人家這麼一說，好像真的是這樣呢」。而且聊著聊著，也能了解對這樣的部屬，採取這種作法是行不通的，還能發現指導方法喔。

不論任何時代，與年輕人之間就是有一道「牆」

讀完諮詢內容後，也感覺到你似乎是因為沒有受到部屬尊敬而心煩氣躁。會覺得，是不是沒被部屬放在眼裡。

這我了解，只是，這種事情很常見。不論任何時代都是。

就是覺得，年輕一輩的與自己這一輩的想法不同。你知道之前有個世代被稱為「新人類」嗎？就我看來，那時候完全無法理解所謂的「新人類」呢（笑）。

當時每個人都滿嘴抱怨，說什麼「現在的小鬼到底搞什麼啊」、「公司感覺像是變成托兒所啦」。指示他們「幫忙做這個」，總回過頭來反問「為什麼、為什麼」。感覺上，就好像從沒聽「爸比、媽咪」說過這種事一樣呢。

但是，不論時代如何改變，只要是在新進員工進入公司的時期，就會發生同樣情況。「今年的新人糟透了」，諸如此類的抱怨到處都有。

說到底，不論任何時代都是一樣的。所以，說部屬「這傢伙不會讀空氣」又或「一群蠢貨」，也是於事無補。

畢竟，成長環境或時代不同，這也是沒辦法的吧。

所謂的「擁有部屬」，意味著本身立場已經轉變，必須開始思考如何將個性迥異的一群人慢慢轉化成「戰力」。「天底下根本沒有與自己相同類型的部屬」，先這樣想會比較好。

要是事不關己似的只顧抱怨，是無法讓團隊做出成果的喔。為了將個性迥異的一群人轉化成戰力，首先必須先徹底了解對方。

那麼，要怎麼做才能了解對方個性呢？聽對方在職場上對於相關事務高談闊論，也很難因此了解對方個性。就算最後了解了，也必須花很長一段時間。

想要做到打從心底互相交流的溝通，不論現在或以前，說到底還是需要「把酒交心」呢。

「我討厭酒」、「我不會喝酒」、「討厭喝酒場所的氣氛」，或許有人會這麼說；如果不會喝酒，只要跟部屬一起去吃好吃的東西、又或他們喜歡吃的東西就行。

就算部屬不喝酒，當主管喝醉開始「啊～」的低吟時，部屬也比較容易把不滿說出口吧。

利用「裝醉」引出眞心話吧

不過呢，用酒這招也是有風險的。

喝醉後，有時候連不該說的都可能說溜嘴。所以，可不能認真想喝醉。主管得「裝醉」，這可是重點喔。

要是完全喝醉，部屬當場流露的真心話或個性事後也都記不得了吧。

我也是喔，透過「把酒交心」學到的可多了。像是「原來他是這種價值觀、個性的男生啊」、「原來他是這麼看我的呀」之類的。

得知這些資訊後，原本認為不會讀空氣的部屬，也能好好運用對方個性，轉化成戰力。

例如，總是不會讀空氣、爭取不到生意的部屬，其實正因為不刻意去讀空氣，可能獲得部分客戶的高度讚賞。

這種部屬雖然會被一般客戶討厭，讓他去負責一般覺得難伺候的客戶，有時候說不定能一拍即合，爭取到大宗生意呢。

不能喝酒，喝冰沙也行

為此，就必須深入了解部屬個性。要是只聊工作，是沒辦法了解一個人的本質的。正因為如此，才必須帶離公司。

就算自己或對方不會喝酒，也可以去吃頓好吃的喔。時尚咖啡廳也可以喔。一起喝杯冰沙就行了（笑）。

A

想了解真心話或個性，試試「把酒交心」吧。

Q

有個老是扯後腿的資深部屬，該拿他怎麼辦？

我任職於中小企業的某專門部門，是率領十五位成員的領導者。因某位與我同年的女性員工對周遭產生的影響，我正感到十分苦惱。

她長期以來一直累積相同職種的資歷，之前還擔任過部長，所以自恃甚高，我的話很難坦率的聽進去。由於擁有一定程度的專業技能，處理自己負責的例行工作都沒有問題，但是從沒有積極做過像是輔助我，又或本身負責業務以外的工作。

在部門內部會議上，其他成員提出什麼

新點子，常常說出像是「要是進展不順利怎麼辦？」、「你說的那些，是我們該做的工作嗎？」等否定性發言，感覺部門內積極發言或挑戰精神會因此逐漸被抹煞。她好像也常抱怨公司或主管，結果就連周遭人員的工作動力都被削弱。

可不可以教教我，面對像她這種擁有一定技能或資歷，卻毫無拚勁，只會扯周遭後腿的中堅員工，該怎麼因應才好？

（35歲　男性　公司員工）

造成問題的部屬，她之前的職位是部長，想必一定自恃甚高吧。面對這樣的部屬，總之就是要沒命的誇獎喔。

「不愧是某某某呢。說資歷有資歷，業務也都處理得順暢完美，真的幫我好大的忙呢！」像這樣，起手式就是先讚美。

要是苦著一張臉面對部屬，反而更容易激發對方的反抗心喔。

不要製造出反抗的部屬

要是製造出反抗的部屬，就糟糕透頂了。為了避免那種狀況，你首先要讚美部屬的工作表現。那麼一來，對方會覺得「主管對我展現禮遇」，心情也不會不好。換句話說，對方的工作動力也會因此提升吧。

另外，你似乎對她只做自己的工作感到不滿，不過既然她自己的工作都處理好了，那麼就一碼事歸一碼事，好好去讚美處理好的工作。因為被分配到的工作，她都確實處理好了嘛。要用感恩的心情，去看待這件事。

以這個案例而言，感謝或稱讚比什麼都來得重要呢。如果是經驗豐富的部屬，面對各式各樣的提案或想法，往往都會說「那種事情是做不到的」吧。這是任何組織都很常見的衝突。

那麼，該如何克服這個問題呢？

在所有成員參與的會議上大加稱讚

首先，你是領導者。所以你必須針對已經決定要做的事，明確宣示「我們為什麼有必要這麼做」。必須果斷的宣示，此時絕對不能顯露半點猶疑。如果是邏輯思考過後認為正確的事情，就不需要猶疑。

要是經驗豐富的部屬反駁說：「要是進展不順利怎麼辦？」就要在談話中隨處夾雜像是

「害怕失敗，就無法完成新業務。我們不要害怕失敗，一起去做吧」等，宣示本身領導者地位的發言。

不過這部分，最重要的還是稱讚。像是，「正因為如此，想做這件事，就必須要有像你一樣經驗豐富的人呢」、「靠你了。少了你，就沒辦法做到這個困難的工作。很期待你的表現呢」。

這番話，要在十五名部屬面前，所有成員都到齊的會議上說喔。

如此一來，你首先讓全部成員理解你身為領導者的事實，並萌生信任感。少了這個步驟，就算只對有問題的部屬說話，對方也不會信任你。對方還會疑心生暗鬼，認為「主管是不是見人說人話、見鬼說鬼話啊」。

而且，在大家面前肯定那位部屬的實力、大加稱讚，也會讓對方找不到反抗的著力點。就算對方說：「那是不可能的，」只要說：「不，我們要做。要藉助你的力量，大家一起試試看」就好。

對方說「做不到」時，不能不由分說的直接否定說「做得到」。而是要告訴對方，「只要合作，就應該做得到」。

還有，也能問對方：「做不到的理由是什麼呢？」聽到理由後，可以說：「我們一起來思考，該怎麼克服那些問題，好嗎？」只要能好好傳達出「我很期待你的表現」，我想那位部屬也無法繼續反對下去了。

過去還曾被稱爲「沒命誇獎的上田」

我呢，以前從外派地點回到總公司工作那時候，剛好就面對到這種狀況。那時候大概四十歲左右吧。

我當時本來轉調到「伊藤忠商事」子公司工作，後來母公司原本待的部門陷入危機。我因此從子公司被緊急叫回去，暫且擔任部長代行，實際處理各種事務，一年後以部長的身分，被委以部門重生之責。

當時部門人員大概五十人，從年紀大的開始算下來，我剛好排在正中間。有二十五人都是之前的前輩或主管。

在那樣的部門中成為部長，我思考「好了，接下來要做什麼呢」。必須從各方面進行結構改革才行。

那時候，只要一說「來做這個吧」、「來做那個吧」，那些占一半的二十五位前輩就會這麼說呢：「怎麼可能做得到啊」、「那種事情，我可做不來啊」。

不過，我會這麼說：「不做這個，部門就會灰飛湮滅的。」還會說：「我有段時間外派去別的地方工作，所以首先要了解現狀，然後該做的就必須做。」為了結構改革，我也持續對前輩說「請幫幫忙」或「請指導我」。

當時我只要一開會，前輩就常說什麼「那種事情做不到」。跟尋求諮詢的你遇到相同狀況喔。遇到那種狀況，我就會說：「從頭到尾的流程中，最了解情況的人就是前輩了。真的，拜託幫幫忙。」

因為執行那些該做的事情時，如果遭遇什麼阻礙，想方設法跨越阻礙之際除了藉助前輩的力量，我還真的想不出其他辦法了。

懷抱「藉助他人之力」的心情，大加誇讚

所以，為了問出跨越那個阻礙的方法，我就是大肆誇讚。

「那種事辦不到喔。」要是前輩這麼說，我就會立刻回答：「為什麼辦不到呢？這事情不做不行啊。要是說辦不到，這個部門會被消滅的。」然後，前輩就會得意洋洋的說：「因為有這個問題，所以說辦不到。」此時，我會立刻針對這部分誇讚一番，而且是徹底誇讚。

「原來如此！原來是這裡的問題啊。不愧是前輩。光憑我，無論如何都沒辦法察覺呢。」

就像這樣一誇再誇，誇個沒完。像是「原來如此、不愧是前輩啊」之類的。

持續說出那些話的很久之後，聽說我就被人家說是「拚命誇獎的上田」了（笑）。

比我年輕的部內成員還說什麼「我們部長，就是靠拚命誇獎來使喚人的」，或是「那麼難搞的人，也能讓他隨心所欲的差遣呢」。所以，來找我傾訴煩惱的你，面對這種類型的部屬，首先也可以從誇獎對方做起。

那位部屬就算內心覺得「你這個王八蛋」，但是在大家面前受到誇獎，是不會覺得不痛快的。而且，聽到你對她說「請務必教教我，妳對於突破那個困難有什麼想法」，因此獲得其他部屬的關注，應該就會試圖想出解決良策。

我也認為，那位部屬是因為感受不到周遭肯定才會心生不滿的。所以，才會出現反抗行為吧。

如果真是那樣，首先要以領導者之姿，向周遭展現出肯定那位部屬的態度。這麼一來，我想周遭看待她的眼光也會隨之改變，而她本人的心情也會跟著慢慢改變的。

A

對於「資深部屬」，藉由徹底的「拚命誇獎」將其轉化成戰力。

Q 有個絕對不加班的部屬

我在中小企業的集團子公司工作，是家位於外地的某系統研發公司。我四十幾歲重新就職，目前擔任主任，從事的是母公司的系統研發工作。與一般系統研發公司一樣，很容易發生不得不加班的狀況。

即便是這種狀況，有位女部屬工作總會比其他人快一倍，將被賦予的標準作業量消化完畢，準時下班回家。她不論工作多忙，都會準時回家。

然而，現在有個大型專案的交期迫在眉睫，大家都忙得焦頭爛額。部長前幾天還下

達指令，要求為了嚴格遵守交期，職員、兼職人員、外包單位都要進入加班體制。儘管如此，那位部屬還是準時下班。不論是對她本人，還有容許這種情況發生的主管，我都覺得不對勁。

既然公司都已經下達指令了，希望對方身為公司員工、小組成員，都能與大家攜手合作，我這樣的想法過時了嗎？

我認為所謂的「公司」，不只有工作能幹的人，同時也有不能幹的人，所以必須所有人共同完成工作。而且，有時候就算在某方面不能幹，也可能在其他方面派上用場的。我很煩惱，不知道該怎麼樣跟她打交道才好。

（51歲　女性　公司職員）

也是啦，目前政府也是傾全國之力推動「勞動模式改革」，「不加班、不讓員工加班」儼然成為一股潮流，對她也說不出「來加班啊」這種話來吧。

就算公司平日口口聲聲說「別加班」、「假日好好休息」，以實際工作的現場看來，也可能出現「話是這麼說，但就是沒辦法」的情況。此時，身為主管對於在現場工作的人該怎麼說才好，這就是妳的煩惱吧？

妳說自己是主任，所謂的「主任」就是在現場負責實際業務的人吧。既然如此，這種情況就必須由在主任之上的管理者，對部屬、兼職人員或外包單位，確實說明公司目前投入的專案有多重要。畢竟主任實際處在工作最前線，單憑主任一人要去跟部屬或兼職人員說什麼「拜託，請幫忙加班」，根本是不可能的。看妳的問題描述，部長好像下達過「大家加班，一起加油」的指令，但是部長的話或許還沒有傳達到現場吧。所以，必須請妳上級的管理階層更確實說明「為什麼現在，在這個時期，必須加班去做這個工作」。

請主管「強力」說明狀況

所以，請去拜託管理階層說：「我們這組現在為了趕上交期，人手不太足夠。可以的話，只有這段時間也好，希望能增派人手。如果這點很難做到，就必須以現有成員去消化手上工作，那麼也請向成員強力說明這樣的現況。」

如果上級幫忙說清楚，妳也比較容易向那位女部屬開口，請對方提供協助吧。像是「就像部長所說的，現在這個專案是很重要的案子，妳可以也幫忙稍微延長工作時間嗎？」

儘管如此，對方如果還是說「不要」，那就沒辦法了。屆時，只能請公司增派人手了。

稍微離題一下，我兒子也在類似系統方面的職場工作呢。系統研發人員常常必須在其他企業的休假啦、一大早啦，又或該企業業務結束後才工作。我兒子常常嚷著：「休什麼假啊，不可能、不可能、不可能。」結果有一天，他跑來說「要休息兩週」。我問他：「為什麼？」他回答，專案結束了，之前沒休到的假，這次要補回來一口氣休兩週，去泡溫泉什麼的到處走走。像這樣，有忙碌時期也有閒暇時期，很好呢。所以，妳也要請上級跟大家說「這個專案結束後，大家就好好休息一下吧」。

還有一點，希望妳注意。關於妳與那位部屬的關係，請別「感情用事」。別因為她不幫忙工作，就對她發脾氣。最近，特別被視為問題的「職權霸凌」，大概都是源自類似情況。認知到當今時代的勞動多樣性，是很重要的。如果滿腦子只想著要讓她加班，是無法往前邁進的喔。

A

身爲夾心餅乾的「前線長官」別過度煩惱，交給主管處理吧。

Q

不想去充斥蠢貨的職場

我隸屬的這個部門，充斥著無法以現場觀點看待工作的人，是個「愚蠢至極的部門」。這部門的行動計畫完全是看董事臉色而制訂，內部沒有任何可以成為強項的資源。能銷售的商品也是、銷售通路也是，總之什麼都沒有。在公司內部的定位也一樣，就是一個沒用廢材就調到這裡的部門。

普遍印象大概就是「沒用廢材的末路」吧。特別是課長，同層樓其他部門的人對他只有惡評。在這個地方工作，心情一天比一天糟糕。每天都不想去上班，感覺很鬱卒。

（31歲　男性　公司職員）

看來，你可能覺得這個部門的人，「除了自己，其他所有人都是蠢貨」吧。其他部門評價惡劣的課長，或許也認為「我的部下全是蠢貨」。

如果，你的部門是這樣的團體，對於你而言可是大好機會呢。因為，這樣的部門很多都無法發揮「洞燭先機」的能力，無法創造全新商品或銷售通路。

部門會議上，對於商品或通路的討論肯定也是因循苟且，單純說些「暢銷/不暢銷」、「漲價/降價」而已。

在這種「蠢貨集團」很容易有出頭機會喔。

說到底，要是在一個身邊所有人都很聰明、條理清晰、工作能幹的集團，就算稍微優秀一點也會被埋沒，也不知道能不能有充分機會去挑戰難關，進而成長。換句話說，待在都是聰明人的集團中，是很難被看見的。

所以，如果能在現在的團體中做出成果，就能廣受注目。應該要思考，下個階段你能調去的職務或組織呢。

藉由事前疏通，避免「前所未聞」

想要爭取到那樣的機會，重要的是自己運作、做出結果。

例如，不論任何組織，常見的情況都是「某人」提案，然後組織因此動起來。那樣的人與其他人不同的地方，在於像是不會在會議等場合突然沒頭沒腦的提出新企畫。

那麼，他會怎麼做呢？這種人會在開會提案前與同事又或主管談論自己即將提出的企畫草案。例如「我想用這種方法開拓新的銷售通路」、「想嘗試規劃這種商品。具體而言是……」。

他們會在會議前做好充分準備，並且事前疏通喔。那麼一來，會議時就不會給人「前所未聞」的感覺，周遭當然比較容易理解，最後絕對會有「你還真有一套」的感受。

說明的訣竅，是將自己想做的事情慢慢往「為了課長」、「為了部長」這個方向帶。那麼一來，你就能擁有推出該企畫的機會。如果真如你所說的，周遭全是蠢貨的話。

「課長的工作」也一起做了吧

如果課長真是蠢貨，應該連自己課的方針都做不出來，你也可以事先將同事一起拉進來，做出某種程度的整體方針或工作流程。

在此之際，要事先與課內七至八成的人談過，另外也要先駁倒反對理由。如果想推動自己想做的事，事先增加贊同者或合作者是很重要的。

讓人覺得「除了自己以外，其他人都是蠢貨」的團體，常常早已喪失拚勁，你首先必須創造出改變那種整體氛圍的契機。不可以覺得「反正周遭都是蠢貨，提案也不會通過，更不用說是爭取到贊同者或合作者了」，因此放棄。這對你而言，可是會錯失重大機會的喔。

A

如果周遭真的全是蠢貨，將此狀況視為「絕佳機會」。

Q

想提升萎靡不振的員工士氣

經營中小企業的父親去世，我突然之間要接管老家的公司。之前很長一段時間都只是其他公司的職員，不曾好好發揮領導力，對於之後該如何抓住員工的心毫無頭緒。

公司業績也陷入低迷，員工的士氣持續低落。

我該怎麼做，才能振興公司，激發員工的拚勁呢？

（45歲　男性　自營業）

之前只是公司職員的你，一下子成為經營者。只要年過四十，公司職員的人生中應該已經擁有各式各樣的經驗，但是你卻一頭栽進過往經驗無法適用的世界。你現在的立場，變成面對所有問題時不能依靠公司、依靠主管，只能靠自己解決。

首先，有必要對於本身立場有所自覺呢。脫離上班族行列，繼承上一代的公司，今後也只能硬著頭皮做下去了。

那麼，在必須硬著頭皮做下去的情況下，該怎麼抓住員工的心呢？這就是身為領導者的第一步了。

首先，重要的是你自己每天都與員工處於相同場域。在大企業中，社長對於員工而言是遙遠的存在，但中小企業可不是這樣的喔。

接下來，在工作時間之外，又或縮短工作時間也行，請與員工舉辦懇親會。而且，必須頻繁的舉辦。因為你之前都待在其他公司，對於自家的職員還不熟悉。

只不過，這個懇親會不能對員工造成負擔。為了避免這個問題，或許應該留心，自己該怎麼主動與員工打成一片。

透過這樣的懇親會，從員工口中問出「想對社長說什麼」、「對於公司有什麼期待」、

「對於自己的工作有什麼煩惱」等，並且吸收這些資訊。

像這樣吸收員工的想法後，再來就要用自己的話語，告訴員工自己對於工作、公司有什麼想法。

你們公司業績似乎不好，與大家談談業績不好的原因，該怎麼修正才能提升業績等也很重要。

從職員問出「Why」，社長展現「How」

首先要問出員工的想法或煩惱。換句話說，就是讓職員說出「為什麼＝Why」。「為什麼這個工作或公司會這樣？」員工大概會有類似的疑問吧。只是，很難有機會直接對社長說。特別是像中小企業這種強人領導的公司，這種傾向會更為強烈。

所以，對你而言這反而是個機會。就算對員工坦承你什麼都不知道，也沒什麼好怕的，或許員工本來就沒對你懷抱期待。

甚至可以這麼說，如果能讓員工對你坦承疑問或不滿，就能從中獲得啟發，思考該如何改變公司。換句話說，當員工說出「為什麼＝Ｗｈｙ」，你身為社長，必須向他們展現「Ｈｏｗ＝怎麼做」。

「爲什麼啊？爲什麼啊？」連珠砲的這麼說是ＮＧ行爲

很多公司卻是相反呢。

「為什麼啊？為什麼啊？為什麼啊？」很多像這樣雞蛋裡挑骨頭的主管。說什麼「你為什麼會這樣啊」，然後職員回答「這個是這樣，所以我覺得可以這樣」，像這樣展現「Ｈｏｗ」。然後主管繼續用「為什麼啊？為什麼啊？為什麼啊？」，也就是「Ｗｈｙ？Ｗｈｙ？Ｗｈｙ？」的追問下去。這樣的對話在許多職場不斷上演。但是，那完全相反了啊。

想要發揮領導力，萬萬不能像這樣本末倒置。「Ｗｈｙ」由職員說，「Ｈｏｗ」由社長說，這是領導力的鐵則。

我認為日本傲視全球的競爭力之一，就是以中小企業為主的家族企業。規模逐漸擴大，乃至於上市的公司，或許有進入下個階段的成長方式，但是一開始就擁有的強項還是那種強烈的家族感。換句話說，只要社長能關注到幾乎每位職員，容易發揮領導力，面對變化也能立刻因應。

所以社長與職員的關係不要只限於朝九晚五的工作時間內，在公司以外的地方，也舉辦懇親會等各式各樣的活動，怎麼樣呢？

在那些場域中，應該能聊到五花八門的話題。那麼一來，就能發揮本身的領導力，不是嗎？我呢，從商社「伊藤忠商事」跑到零售業的「全家」當社長，當時根本不覺得自己一個商社人能做好零售的工作。所以，我親自跑到現場了解狀況。

當然，最近職場文化已經大幅改變。不過我來到「全家」時是那麼做的，也就是說，我當時只能在自己「對於零售什麼都不懂」的前提下，與員工接觸來往。

只是，這部分必須注意的是，既然「不懂」，就很容易對周遭在做的事情問出「Ｗｈｙ？Ｗｈｙ？Ｗｈｙ？」。因為不懂，到處「為什麼」問個沒完，「Ｈｏｗ」就會不見的。

為了避免這種狀況，必須先去吸收「Ｗｈｙ」。為此，比起周遭的董事會成員或高級幹部，不如與現場員工談談，請對方教自己那些「為什麼」，然後吸收。藉此，以「啊，原來是那樣」的感覺內化成自己的東西後，再慢慢向員工展現「How」，也就是「那麼，我們就這麼做吧」。與員工之間的對話，也能營造出彼此的整體感，變得心意相通喔。

與員工的懇親會上，單方面講個沒完的社長是不行的

請不要覺得「突然得繼承父親公司，好辛苦喔」，希望你能想成是「這是個與以前截然不同的挑戰呢」。因為，我以前也是這麼想的。

像業績不好，也可以想成是「逐漸提升業績的機會」。而且也是個了解員工個性、讓他們了解自己的好機會。

中小企業的家業繼承，常聽說有第二或第三代的年輕社長不被元老級的員工放在眼裡，而吃盡苦頭。但是，對那些元老員工心懷不滿的年輕員工也不在少數。所以，雖然不清楚你的公司規模有多少人，除了全公司的懇親會，還可以根據像是年輕員工、中堅員工、元老員工等，分成不同組，然後各別問出「Why」。

你自己試試看就會知道，類似的不滿是會一口氣宣洩而出的。對於元老員工企圖隱瞞的

問題，年輕或中堅員工會一股腦宣洩長期累積的不滿。越接近現場，就累積越多那猶如岩漿的情緒。所以從現場吸收「Why」，然後對此研擬解答的「How」，對於提升凝聚力是非常有效的。

相反的，要是不好好傾聽現場的聲音，就只能任由元老員工為所欲為了。

例如，假設元老員工對於公司一直以來與A廠商的交易毫無疑問。實際問過元老幹部，對方也主張與A廠商的交易額有一億圓（約台幣二七五〇萬），利潤有五千萬圓，毛利有五成。然而，問過現場就會發現，與A廠商的交易會導致業務量大增，忙得人仰馬翻，為此耗費的人事成本等費用，事實上會反映在其他方面。表面上看來毛利雖然很高，實際上完全沒有賺頭。這種情況雖然常見，但是不問過現場，根本無法掌握這種實情喔。

所以，社長只能親自掌握這樣的實情，對於元老員工採取由上而下的領導模式，直接下令：「基於這樣的理由，與A廠商的交易實在不划算。況且今後也須要挑戰新市場，所以想改成與B廠商交易」。

在現場聽取意見時，希望你能採取「拜託，跟我談談」或「多說一點、多說一點」的態度面對員工呢。有人會因為自己是老闆，在懇親會等場合只會單方面的說個沒完。開頭雖然說什麼「想要直接傾聽職員聲音」，後來幾乎都是社長一個人在說。那麼一來，就毫無意義了。

想聽取意見，職員卻不願敞開心房時，就進行第二輪談話。例如，懇親會上沒辦法充分聽取意見，即宣布：「好了，接下來進入第二輪的直接會議。」

「還有人沒發表意見呢。接下來有酒、有魚，看管理職一個人付多少錢，其他職員免費。只是，喝醉的人會忘掉自己的意見，很傷腦筋，所以記得帶筆記本跟筆過去。明天早上可別說什麼『忘記』囉。」（笑）

這種會議重複幾次辦下來，社長的個人風格也能逐漸感染周遭的人，「社長，不好意思，我忘記帶筆記本跟筆了，請寫在襯衫上」，慢慢的還會出現像這樣開玩笑的職員呢。

這可是真人真事喔（笑）。當下會覺得「這樣好嗎」。但是一堆人起鬨說什麼「就寫一下當紀念」，我最後也就寫了。結果，這件事流傳開來，我後來在四國★還是什麼別的地方，有三個員工一開始就把襯衫遞過來呢（笑）。

★**譯注：**「四國」：位於日本西南部，涵蓋香川、德島、愛媛、高知四縣的區域。

只要整體氣氛能變成這樣，那就謝天謝地了。不過要是變成旁人阿諛奉承的感覺，也很危險就是了。

像我，是從商社跑到超商任職，而且職員散布全日本各地，很難有機會直接對話。要是在懇親會上一副高高在上的樣子，談些商業書裡出現的內容，大家不會信任我吧。

首先，還是得先建構出想了解對方、想讓對方了解自己的關係呢。

你一開始要是也能從這方面著手，就絕對沒有問題喔。

A

請從親赴現場，傾聽各方意見做起。

第2章

改善自我

Q

想回到能夠讓自己成長的「前職場」

我在東證一部★的上市公司負責生產管理工作。

自進公司以來大概有十年時間負責會計，大概三年前轉任現職。周遭全都是技術能人，像我這種事務工作者算少數。而且這裡沒有其他人擁有會計經驗，所以我在成本管理或財務管理方面深獲器重。上面當初是以人手不足為由，派我來這裡「期間限定支援」，結果莫名其妙受到賞識，就那麼一直留了下來。

雖然一方面想待在「會計知識」為人所

需的職場努力，另一方面也想以「會計人」的身分繼續學習，一展長才。但在如今的職場，身為「會計人」能做能學的已到了極限。對我而言，煩惱的是「無法成長，卻深獲賞識的職場」與「可以成長，卻不被賞識的職場」哪個比較好。我該怎麼辦呢？

（38歲　男性　公司職員）

★**譯注：**「東證一部」：東京證券交易所上市股票分成三類，「一部」是大型公司股票、「二部」是中小型公司與高成長新創公司股票。

如果沒成長，就不主動提「調職申請」

其實，我進公司的第一年也是做會計喔。第二年開始，突然就做起了業務。只是自己覺得，缺乏在「會計」領域繼續成長的資質，也沒興趣。想說既然領人家薪水，就去做對得起那份薪水的工作吧。

那時候，的確很驚訝呢。畢竟從東京總公司的會計調去大阪分公司做業務。只是，以結果而言是好的喔。我在那裡獲得不同的主管疼愛，深獲賞識，所以後來才會去海外部門工作的。

之後，又回來東京做業務，然後在業務部從事經營企畫……，大概就像這樣，在很多部門歷練過。

我雖然待過形形色色不同的部門，卻從來沒有萌生「要是待在那個部門，現在成長幅度是不是更大呢」、「想去那裡工作、想去這裡工作」之類的念頭。因為，持續想的都是「要在自己待過的每個部門都做出成果來！」

所以，我從來沒說過想調到其他部門去。只要不是太討厭的工作，如果沒有成長，最好還是不要主動提出調職申請比較好喔。

成爲「沒他不行」的存在

我在之前任職的「伊藤忠商事」經手過各式各樣的事業。我去食品領域，也有同事是在纖維部門負責時尚產業。「這部門正在投入非常先進的事業呢」、「這部門在做的是像國家事業一樣大規模的工作呢」，的確常常也會有這樣的想法。但是，並不會因此就萌生想調過去的念頭。

如果缺乏「想在目前的部門成長」的意願，一直嚷著說想去那裡、想去這裡，就無法成為目前的部門所需、受到期待的人，對吧？你既然在目前的部門深受賞識，就代表工作表現確實獲得高度評價，所以我認為你待在這個部門再努力一下會比較好。

你的工作表現肯定有人看在眼裡。不只「會計」這個專業工作，在生產管理方面應該也發揮了其他資質或能力，說不定原本部門有一天就會提出說「讓那位員工回來吧」。那時候，現在這個部門或許會抗拒，可能說「這怎麼行呢？要是少了他，生產管理就無法順利取得進展了啦」。如果成為被人家這麼說的存在，就代表了成長喔。

真是「無法成長的部門」嗎？

還有，你似乎深信現今的職場是「無法成長的部門」，不過這是真的嗎？我反而認為，現在的職場或許還比較能讓你成長。

我從「伊藤忠商事」來到「全家」時，有很多人都持續待在同一個部門裡。當上社長兩年後，我巡視不同部門，一問：「你在這裡工作幾年了啊？」也有人回答說：「做了十年。」有次到某外地去，還有人堅決的說：「我要在這裡做到退休。」明明是家分店猶如網路般遍布全日本的公司，有人卻是這麼說呢。

我是這麼認為的。在各式各樣部門累積經驗卻無法樂在其中的人，是沒辦法成長的。當然，也有人可能是因為家庭等個人因素，但是撇開那些人不說，長期持續待在同樣部門、同樣區域，總是會面臨「成長極限」。

所以我在「全家」創設了「在同樣部門最久只能待五年」的制度。這是因為要是一直待在同樣的部門，視野會持續限縮，工作方面也會陷入「以管窺天」，慢慢的看不到公司「整體」。只要設定「最長五年」，就不用擔心這個問題。大家工作時都能著眼於「整體」。

「能幹的人」不論到任何部門，果不其然都會獲得賞識呢。也有人是從幕僚部門轉到從未經歷過的業務現場，同樣表現活躍。我就是因為不希望公司將那樣的活躍視為理所當然，才會設定「最長五年即調動職務」。

「被需要的部門」還是最好

即便如此，如果還是非常想調職，就在人事考評面談時老實的跟主管說就好。只要在面談時告知這樣的心意，我想部門也會互相商量，看著辦的。

只是呢，你說進入生產管理領域已經三年，其實三年也不能說長。所以，調職言之過早。既然在這裡獲得倚重，就繼續努力做出成果比較好。請別急著回歸會計領域磨練專業，待在現在的部門更努力，持續累積出能讓人來求說「拜託，請你回來吧」的實力。這對於你漫長的人生而言，絕對是加分的。

我絕對不認為長期待在特定部門有助成長。大企業更是如此，在形形色色各種部門累積經驗，才能幫自己更上一層樓。

所以，不用煩惱。請將「在被人需要的環境中，盡其所能發揮實力」視為成長的捷徑。「別煩惱！在現在的部門做出成果來吧！」你的話，一定沒問題。

A

在往後赴任的各部門裡，都懷抱「做出成果」的心情工作吧。

Q

「升遷」至此已宣告無望了嗎？

我是有兩個孩子的職業婦女。現在，正煩惱今後該朝哪個方向努力。可以請您給我一些建議嗎？

我二十幾歲時生第一胎，當時利用「短時間勤務制度」，持續兼顧工作與育兒。也因此，我的升遷比同期還要晚得多，雖然已經無法與他們相提並論，卻始終懷抱「想再拚拚看」的心情。

我後來調到現在的部門，很幸運的在工作上做出很好的成果，成功獲得破格升遷★。但是這次，繼續升遷的機會卻被往後延了。

我本來以為只要工作做得好就能升遷，所以很努力工作。一方面因為孩子也大了，丈夫能理解我，加班到半夜也不以為苦，埋首工作。內部有段時間也都說，妳今年升遷應該沒問題吧。

然而，這次升遷被延後，感覺上就像公司拐個彎在跟我說「好好認清，之前懷抱的夢想是不自量力」。我是不是不該再懷抱當上幹部的夢想了呢？雖然這不是唯一的目標，但是對我而言，升遷事實上等於是努力的獎賞，同時也是動力的泉源啊。

（41歲　女性　公司職員）

★**譯注：**指日本企業中針對因生產、育兒、結婚、疾病等人生重大事件，導致工作受影響的優秀人才，放寬升遷條件破例予以升遷的制度。

妳是個拚命三郎，處理工作的能力想必也是無懈可擊。只是，內心想法卻將自己帶向負面。

以「短時間勤務制度」工作，卻與全職的人相比，無論如何都很容易出現工作成果的差異。公司裡有一些工作是短時間勤務處理不來的嘛。

在此情況下，與工作能幹又是全職的同期相比，那個人獲得正面評價也沒辦法。但是，在這部分重要的是，工作時間短的妳並未因此獲得負面評價。這樣的現實狀況，就某程度而言必須分開思考會比較好。

所以首先，請為自己人生中曾有過這麼一段時期感到驕傲。請好好稱讚自己。

妳是不是正散發著「負能量」？

關於升遷這件事，要是妳雙眼被公司內部的升遷、出人頭地所蒙蔽，就會散發出「負能量」，這點請多加注意。

就算拚命的披頭散髮、拚命投入，只要雙眼寫滿「升遷、升等」，就很容易被周遭認為「這樣該不會出錯吧」、「最後不會失敗吧」。那種氣氛，就是所謂的負能量。

事實上，以「這時候不能失敗」的心情全力以赴時，反而常會犯下一些單純的疏失。我這一路走來，也看過很多這樣的部屬呢。

所以，如果妳正散發負能量的話，希望妳可以轉變成正能量。妳以前工作時間短、盡力養兒育女時，是不是兼顧工作與育兒，一邊散發著正能量呢？我想，正因為妳對於育兒與工作同時懷抱自傲，全心投入的「積極姿態」，周遭都看在眼裡，所以才能在育兒告一段落完全回歸職場時被賦予表現機會。

我想，妳原本一定是散發著開朗的正能量，為周遭帶來好影響的人。所以，請別以「要趕上之前的差距」、「要當上幹部候選人」等，拚死拚活的樣子面對工作，只要讓緊繃的肩頭放鬆，以自己最自然的樣貌，將眼前專案做出最大成果，那麼不論是你本身還是周遭觀點，絕對都會隨之改變喔。

說到底，也不是說不顧一切埋首工作，就一定能帶來工作成果或升遷吧。妳的情況，反而是將工作委託給後輩等，一邊取得工作與家庭的平衡比較好。既然有過兼顧育兒與工作的經驗，那麼思考看看持續用那種工作模式做出成果如何？

妳要想的不是「無論如何都要升遷」，而是思考在整體組織中更開朗快樂的工作。因為快樂工作，享受成就感，那份成就感也能為整個職場帶來開朗的氛圍。這一切都有助於做出工作成果。

妳說升遷是「獎勵式的動力泉源」，的確是這樣沒錯。不論任何人，工作成果獲得評價就會開心，而升遷就是獲得評價的證據。

只是，我們原本並不是因為想獲得「升遷」這樣的獎勵而工作，是為了好工作而投入，結果才獲得「升遷」這樣的獎勵吧。

說到為什麼工作，則是為了讓客戶開心，最終讓這個世界變得稍微好一點，對吧？

這話可能聽起來天真，但是不這麼想的話，工作可是會慢慢變得乏味喔。

夢想「升遷」，就會沒完沒了

妳可以放眼當上經營幹部，但請別視為目的。要像這樣整理自己的心情。

要是以目前這種狀態持續工作下去，會越來越沮喪的喔。

我也是啊，三、四十歲的時候，如果工作時想著「我要當上『全家』的社長」，恐怕連課長都當不上吧。因為一想到那些，就無法專注眼前的工作了。

說到底，要是將升遷這種東西當成夢想，可是會沒完沒了的。而且這夢想，絕對會在某個職位上嘎然而止。

公司如果祭出拔擢年輕人的方針，就可能被年輕職員超越，另外也可能由於事業環境改變，造成需要的技能改變吧。甚至可能因為受傷或疾病，再也無法採取以往的工作模式。

所以，升遷絕對會在某個地方結束的。

當然，沒有任何人知道會在哪裡結束。所以，面對各種不同變化，都能確實整理自己情緒後，重新投入工作是很重要的。

順帶一提，妳覺得在上班族人生中出人頭地的人，與沒有出人頭地的人相比，哪種人的健康壽命★比較長？我呢，覺得沒有出人頭地的人會比較長喔。

我想有很多人會為了出人頭地而犧牲家庭；但是我七十歲退出公司經營之後，深刻體認到那些擁有工作以外的「天職」，或者說很清楚人生要怎麼過的人，退休後比起在公司堅守崗位，埋首工作到六、七十歲的人要有活力多了。

就這層意義而言，也希望妳別以出人頭地為目標超乎必要的埋首工作，希望妳能成為新工作模式的示範人物呢。

A

請嘗試摸索出屬於自己的「新工作模式」。

★**譯注**：指一個人健康無病，有能力自主生活的時間。

Q 希望能改掉臨時抱佛腳的毛病

隨著年紀增長，麻煩或討厭的事總拖到最後才做的毛病越來越明顯。就算是立刻開始的話今天之內就能完成的事情，我也會一拖再拖，優先處理那些無關緊要、枝微末節的事。結果，要緊任務總是在期限前一天才手忙腳亂的趕工。像這樣同樣的戲碼總是一再上演。

當我知道「procrastinator」（該做的工作總是拖拖拉拉、一再拖延的人）這個詞彙時，很驚訝的想說「那就是我！」另一方面會很難過的覺得「為什麼自己無法有計畫

的推動事情呢」。

有一次很糟糕的是，明明週末為了製作提案書而上班，結果卻完全沒在做事，反而在看網路新聞浪費時間。那份提案書後來還是加班到週一深夜才完成。連我自己都已經搞不清楚自己是怎麼一回事了。

我目前還能勉強在期限前的最後一刻動工，所以有遵守期限，但是很擔心總有一天會堂而皇之的毀約。有沒有什麼方法能控制自己，有效率的運用時間呢？

（44歲 女性 公司職員）

像妳這類型的人，出乎意料的多呢。不論是誰都能想起類似的情節吧：

有個下週一要交的工作，就算想在週三動工，到了週三會覺得「算了啦，明天再做」，拖著不動。隔天，還是想「沒關係，到下週一前還有時間」，仍然沒做。

到了週五，再怎麼樣也覺得慌了吧，不過內心想法還是「沒關係，既然是下週一，所以還有六、日嘛」。結果，雖然決定週末來做，六、日卻還是跑出去玩了呢。

就算被指正，也不會改喔

最後，總是將大工作一拖再拖，先去做

眼前枝微末節的事情。

大家都經歷過這樣的事，所以想要改掉這個毛病，就要思考著「這次一定要及早動工」。只是，有人這樣就成功了嗎？不可能吧。這種人，就算被人家說「那不行」、「要改」，也不會改的，自己想嘗試改變也很困難。我想，這種毛病一輩子都改不了呢。

延遲開工也是「個性」使然

只是，那也無所謂。請懷抱「沒關係」的自信。

因為妳至今總是用「臨時抱佛腳」的模式活了過來，之前也總能在期限內完成工作。

妳啊，就是這種節奏感的人呢。要是開始為此煩惱，等同否定這一路走來的自己。那也只是一種個性罷了。自己去否定那樣的個性，明天就能變成從事前準備開始，任何事都能按部就班進行的人嗎？不可能、不可能的。

妳已經是被內建那種程式的機器人了啦。

而且，妳說不定是人中龍鳳呢。總在期限逼近，拖到最後一刻才投入工作，還能確實趕上交期。妳就是那種不被逼到最後一刻，就無法專注投入的人吧。

相反情況，如果是一週或一個月前被吩咐說「去做」，或許思考事物的速度反而變得緩慢，沒辦法做出漂亮成績呢。

既然妳的個性是被時間逼到走投無路才能一口氣專注投入、盡全力展現最佳成果，就算在時間還游刃有餘的情況下投入工作，腦袋思緒大概也無法好好整理吧。

就算很晚著手，在此之前已經多方考量

而且，雖然很晚才開始投入工作，之前花費的時間有時也能發揮「助跑」的重要功能。「那個就這麼做吧」、「這個就這樣，不不，不行」、「不對，這樣做怎麼樣呢」，其實妳腦袋裡應該老早就開始像這樣多方考量，預先準備了呢。所以，一旦開始就能迅速進展。

我覺得，像是妳週末在瀏覽網路新聞，其實是一邊思考工作的事，一邊看那些新聞的。完全無法勾勒出工作完成後是什麼樣子，所以才想說來看一下新聞好了。

新聞呢，要說與工作完全沒關係，其實也不見得。看到殘暴案件的新聞時，會思考「為

什麼會出現這種異常的案件」吧。我覺得，妳在看這類新聞時，腦子裡也會想「工作上也可能發生這種異常事情呢」。

這種人不論做任何事，腦袋一隅想的永遠是工作上的事情。正因為如此，就算時間拖到最後一刻才開始，由於下意識早已摸索出答案，才能趕上期限的。

我為什麼能有如此真實的想像呢？那是因為我啊，很接近這類型的人呢。我會事先大概記錄腦海中浮現的綱要或重點，但是總拖到最後一刻才正式展開作業。

就算持續思考工作上的事情，「因傷連續四場所★都休息的橫綱——稀勢之里，初場所會如何活躍呢」，還是忍不住會像這樣在意起身邊形形色色的各種事物。

老婆很受不了我就是了……

「既然要工作，就好好做！」

老婆每次看我這樣，總是如此抱怨。

不過，我一定會這麼說。

「妳很吵耶，去二樓看妳喜歡的連續劇。我現在開始要認真做事了。」

結果一回神，是被老婆叫醒的。

因為我就那麼睡了兩小時呢。當然，老婆就會酸我。

「不是說要工作才把我趕到二樓去，結果不是在睡覺嗎？」

但是，我是邊睡邊思考的喔（笑）。

簡單的工作我會採取速戰速決主義。碰到不專注投入兩、三個小時不行的工作，要是在期限之前過早著手，反而會覺得這也不行、那也不好的拖拖拉拉、難以決斷。

所以沒必要為了這種事，太討厭自己。

妳沒必要在意自己非得提早準備不可。因為妳就是這樣的人啊。

★譯注：日本大相撲每年有六個場所的正式比賽，其中包括一月的東京初場所、三月的大阪春場所、五月的東京夏場所、七月的名古屋場所、九月的東京秋場所、十二月的九州場所。

將臨時抱佛腳的自己合理化

「事實上，期限逼近前的那段時間是很重要的」，要不要嘗試這樣轉念呢？對於工作完成後的樣貌，在磨磨蹭蹭的助跑時間中，原本曖昧模糊的想像也會逐漸清晰的浮現腦海。妳就是必須在這階段花時間的類型喔。

就算周遭覺得妳「總是臨時抱佛腳」也別放在心上。因為為了完成工作，那對妳而言是不可或缺的過程。

只是因此造成沒意義的加班，又或者假日跑去上班，就不太好囉。

因為都沒在工作啊。不如待在家裡輕輕鬆鬆讀本書、看看相撲，狠下心將自己從工作抽離，嘗試好好度過這段助跑時間比較好喔。那樣的話，也比較能激發更豐富的想法。

請別喪失「期限前一天好好開始工作」的習性。要是失去這個習性，說真的還不如辭職算了。

但是，妳所說的「堂而皇之的趕不上約定日期」，我想是不可能發生的喔。因為妳都下意識的在計算日期嘛。會計算以本身能力需要多少時間。

事實上這一路走來，用這個模式也確實做好了每份工作，不是嗎？

那個……是叫做「procrastinator」嗎？妳在同類型的人之中，已經達到「資深老鳥」境界了，所以也沒什麼不好吧。

A

臨時抱佛腳沒有問題，因爲「助跑時間」本來就很重要。

Q

不禁覺得自己是有缺陷的人

我從事的是重工業製造商的綜合職務。進公司第八年，同期不是當上主任，就是被派駐海外，而我歷經生產、育兒休假，雖然回歸工作崗位，做的卻是專業性低的工作，開始擔心再這樣下去好嗎？

但是我又不知道該怎麼辦才好，只能茫然呆站在原地。

丈夫對於育兒方面很幫忙。他從主任升上助理課長，接二連三被委託裁量權很大的工作。只是，我每次只要一聽丈夫提起工作，內心就會動搖，感到沮喪。

不論是自己的同期還是丈夫，看起來都閃閃發亮。我對公司沒有不滿，甚至是滿心感謝。當初我跟著丈夫國內轉調，回來後也讓我復職了。

不過，現在的自己就只是依附著公司，對於公司完全沒有貢獻。職涯也是原地踏步的狀態，不論育兒或工作都高不成低不就，還會莫名其妙遷怒他人。

昨天也因為瑣碎的事情發火，自暴自棄，在一歲八個月的兒子面前低喃「反正我就是個有缺陷的人」，嚎啕大哭。

上田先生，我該怎麼辦才好？

（30歲　女性　公司職員）

妳好像深信自己沒有能力耶，為什麼會這麼想呢？對公司而言，委託妳的工作都是必要的工作喔。肯定是沒妳幫忙就不行的工作喔。

那些看起來閃閃發亮的人，說極端一點，只是在被賦予的場域中投入自身工作的人而已，並不是說他們的工作很美好或什麼的，在公司不論任何業務都是不分貴賤的。

首先，請停止與他人比較

重要的是，請先在自己待的部門中全心全意投入被賦予、被委託的工作，做出成果。現在，立刻停止比較自己與其他人的工作，會比較好喔。

藉由投入現在的工作而變得閃閃發光，接下來才會被委託其他工作，從此步步高升。就算公司不主動來說，只要能將現在的工作做出成果，就能在人事面談等機會，主動向主管推銷自己吧。

如果認為公司不賞識自己，也可以考慮換到其他公司。最重要的莫過於，工作對於自己而言必須是與喜悅相互連結的。

所以請打起精神、懷抱開朗的勇氣，這麼想：「踏實做好現在的工作，就能離夢想越來越近」。

多虧有妳，先生才能在工作上有所表現

妳說先生越來越出人頭地，那也是因為有妳這個賢內助從旁支援才做得到啊。育兒方面，也是有妳才得以兼顧。所以妳先生才能藉由具裁量權的工作發揮本身能力。要是家庭不睦，家裡總是一片混亂，工作是不會順利的。

別在意「別人家的草坪看起來比較綠」，請對自家草坪、自己雙腳踩著的草坪懷抱自信。妳在孩子面前說出「反正我就是個有缺陷的人」這句話，那對妳而言很悲傷，但是對於孩子而言是一件更悲傷的事呢。

之後，別再說出這種話了。

好好將孩子養育成人，這也是妳現在踩著的草坪喔。就算想逃脫那裡，也無法改變這個事實。

不論是職場、家庭，妳所做的事情全都很重要，全都很棒。根本沒必要拿自己去跟別人比較。

別焦慮、別比較，打起精神來吧

我明白妳有「焦慮」，但是別人是別人、自己是自己。今後請好好的持續發展自己喜歡的事情，磨練擅長領域。總之，請打起精神、全心投入。

如此一來，世界看起來也會慢慢不一樣的。請對自己目前站立的位置懷抱自信，不論是育兒或是先生的出人頭地，都請懷抱勇氣，從旁支援。這些舉動不僅能幫妳在公司，也能幫妳在漫長的人生中逐漸閃耀出自己的光芒，步步高升。

我三十歲的時候，有一堆同期接二連三比我更早出人頭地。但是，我完全不放在心上。職場人生就像馬拉松，只是第八年而已吧，用馬拉松來比喻，大概是剛從賽場跑到馬路上。在那個階段，就算同期領先自己一百公尺，也不會因此定出勝負。

只要散發神采奕奕的「氣場」，人生就會好轉

所謂「公司」這種組織，有時候就是很難盡如人意。只是在這種情況下，還是不能忘卻工作或生活很開心的心情。點點滴滴累積這種正向情緒，就能幫妳在公司中抓住機會，成為步步高升的原動力。家庭方面，也因此變得比以往更充實。

在討論工作內容之前，像「好有精神喔」、「好開朗喔」之類的，又或者「一起工作心情好好喔」等，對男女而言都是很重要的吧。有了這些，才會有人來邀約說「下次也希望你幫忙」。所以在工作上不僅要做出成果，散發出這樣的氣場也很重要喔。

「想好好褒獎自己」這句話很棒吧

那些奪得金牌又或在什麼競賽中獲勝的運動選手，會說出類似「想好好褒獎自己」的話，這說得真好呢。

說到底，不論運動、工作，又或是人生，想要抓住幸福與「別人現在在做些什麼」一點關係都沒有。

在自己選擇的公司或工作上，這一路來將自己磨練到何種地步。回首過往時，脫口而出的是那句「想好好褒獎自己」。懷有這種心情的人，散發出的氣場是很強大的。

首先，請先好好誇讚自己。然後請從那一瞬間開始別再去在意別人了。

A

不要在意別人，好好褒獎自己吧。

Q

現在的工作不太適合自己

我今年進入公司第四年，很煩惱該不該繼續在這個地方工作。起因是去年我身體狀況不好，住院半年時發現自己身心俱疲，所以開始思考，該不會是因為現在做的工作不適合自己吧。

一起工作的主管、前輩、同事全都是非常優秀的人，我覺得身處於這樣的環境很幸運。但是我對工作內容毫無興趣，就算為了工作研讀書籍，也完全讀不進腦袋。

由於自己處於這種狀態，所以在客戶面前說話也無法很有自信，面對問題時運用的

不是專業知識，而是靠人際關係技巧過關斬將。

前幾天閱讀卡爾・希爾提（Carl Hilty）的《幸福論》，看到這麼一段話：「只要拚命投入，對於工作也能逐漸萌生興趣。」我可以理解這是一般人的想法，也言之成理。不過我就是覺得，現在的工作無論如何就是不適合我。

我這樣只是在逃避眼前的工作而已嗎？怎麼樣才能在面對眼前工作時不覺得恐懼，興致盎然的主動出擊呢？

（29歲　女性　公司職員）

既然周遭都那麼優秀，妳是不是不惜把身體搞垮，也必須拚命加班工作呢？我還滿擔心這個問題的呢。

「只要拚命投入，對於工作也能逐漸萌生興趣」，這句話的確言之成理啦，但是所謂「拚命」的方式，完全不需要與周遭旁人一樣喔。同樣的，「必須擁有專業知識」的想法也完全沒必要。

善用以人際關係技巧克服難關的長處

妳自己也說了吧，「長期下來都是以人際關係技巧過關斬將」。妳似乎覺得這樣是不行的，但這可是非常重要的喔。

像我在四十九年的職涯中——還真是波瀾萬丈的人生就是了——也不曾以專業知識一決勝負呢。周遭都是擁有專業知識的人，在大型商社中到處都是菁英職員。

即便如此，某程度而言我仍獲得周遭肯定的原因，我想還是長期以來投入工作時始終重視人際關係。

想跟人家做生意，不論任何生意，重要的不是專業知識而是人際關係。所以，妳已經擁有非常出色的才能與優勢。請別在意本身的專業知識，今後務必要善用一直以來運用人際關係過關斬將的經驗。

請立刻停止不惜把身體搞垮，也想拚命培養專業知識的行為。請決定自己一天「能做到哪裡」的能力範圍，做完了就回家。

意思是，如果主管問：「那個什麼時候能做好？」

要明確回答像是：「大概要一個禮拜。」

不這麼說的話，最後可是會被逼到走投無路的喔。

我以前是「三天不睡覺埋首工作、兩天完全休息」

我以前也常對主管宣示自己的計畫喔。

約四十歲之前，大概會用這種感覺宣示「我要在三天內，從競爭商社那裡把交易廠商全部搶過來」。

這麼說完，接下來三天就做好不眠不休的心理準備，追著交易廠商的社長跑。跟他們徹夜唱卡啦ＯＫ，最後還邀說：「到我家去喝一杯吧！」直接叫人家到家裡去。

這不是說賄賂或相互勾結，只是，我會徹底做到讓對方覺得「真是纏人耶。不過你這傢伙說話還真有意思呢」。

簡單來說，運用的完全是剛剛說過的「人際關係」。然後，最後讓對方說出：「唉，就讓伊藤忠的上田負責吧。」

就這樣不眠不休的工作整整三天後，大概會有兩天不去公司。

第一天不離開被窩。第二天去公共綜合澡堂好好放鬆一下。第三天才去上班。

「喂，上田！你以爲自己是誰啊？」

「喂，上田！你在搞什麼啊？」想當然爾，這樣做自然會被罵吧。

「平日竟然休兩天，你以為自己是誰啊！」

要是被罵，我就會回嘴：「不是啦。我三天內眼睛睜開的時間，都可以抵過一個禮拜了。」所以「這禮拜的工作已經結束啦」（笑）。

然而，現在大概不能用這種模式工作吧，畢竟是勞動模式改革的時代嘛。這終究都是八百年前的往事囉。以前連電視廣告也都會說：「能否持續戰鬥二十四小時？」當時就是這個樣子。

在這裡我想說的是，每個人都有各自的工作模式，各有各的強項與相異處。所以妳明確的去跟主管說明自己不會用與周遭一樣的工作模式一決勝負主管比較好。

像我，當時唯一能拿來一決勝負的，還真的就是幫妳一路過關斬將的「人際關係」，完全不是專業知識呢。當我向主管宣示這種工作模式時，主管起初忍不住說「你還真是大言不慚啊」。

不過，主管大概覺得我越來越好用吧。那種任誰去都沒辦法的商業談判，就會說「你，去跑一趟吧」，接二連三的開始交給我負責。

特別是像綜合型商社這種公司，論專業知識肯定是交易廠商懂得多。像我待的食用肉品業界，交易廠商的專業知識當然比我豐富多了。

做不出成果的事情，別拖泥帶水的沒完沒了

做不出什麼結果的工作，卻每天苦悶的持續下去，這樣不好。

做不到的事情就要做個了斷，好好決定「我要做的到此為止」。畢竟是不論投注多少時間都做不到的事情嘛。

周遭或許不如妳想像的那樣對妳抱持高度期待，當然也無意逼死妳。所以，不能拚過頭，逼死自己喔。

對於被交付的工作，用自己的方式設定界線後，確實做完就好。

要是不思考自己有多少資質、能力或能耐，一心只想著必須與周遭優秀的人做到相同程度，就會被壓力壓垮。所以，首先請嘗試好好判斷自身到底有多少能耐。

重要的是，妳能多誠實的面對自己「最自然的樣貌」。很簡單，只要誠實揭露自己有多少能耐就行囉。

請像這樣，好好向主管或同事傳達自己的心意。

A

掌握自身能耐，運用強項一決勝負。

Q

想嘗試新事物，卻害怕失敗

最近我被賦予招募新血的任務，雖然在沒有相關經驗的情況下轉職才一年，卻已經被放在責任與權限兼具的位置上。

為了爭取到優秀學生的人才，光靠「訪問學校」的正面進擊已經越來越難，必須另外祭出什麼對策才行。但是，我非常害怕提出相關企畫。「這傢伙到底在搞什麼啊」、「為那種事情耗費金錢與勞力，做得出成果來嗎」——很害怕被人家這麼想。

例如，我也想過到學校去找學生攀談，拉攏人心，這種偏門確實能有所成果。但是

只要一想到要是因此引來學校投訴，被同事或主管白眼看待的可能性，就會覺得很不安。

我有想要將想法付諸行動的堅強意志。希望能聽聽您的經驗，又或斥責激勵。

（27歲　男性　公司職員）

害怕「失敗」理所當然

你有拚勁，只是害怕結果。害怕「失敗了怎麼辦」、「學校來投訴怎麼辦」、「惹主管生氣怎麼辦」。

害怕結果，本來就是常見的事。

經營者會說什麼「要積極挑戰」，但是站在職員立場，就會覺得那只是場面話，擔心「失敗了，不是會被罵嗎？」

說到底，經營者或主管之所以會說「要積極挑戰」，也是因為就算制訂方針或戰略，實際在現場戰鬥的士兵——在公司的話就是職員——害怕失敗的話，這場戰爭一開始就打不下去了。從這個層面思考，只要戰法，也就是戰術決策過程沒有失誤，即使失敗也不會遭受上級責罵的。

你們公司的情況，是因為招募新血變得越來越艱困，所以才會想方設法以各種形式爭取優秀的學生人才吧。這應該算是一種方針、戰略吧。既然如此，就要思考實現該戰略的戰術，也就是作法是什麼。

巧妙的將主管當作「保險」

例如，雖然說以傳統方法還是很難招攬到好人才，但是自己跑到學校去，碰運氣看抓到哪個學生，就直接攀談說「要不要來我們公司工作」，不但可能引來校方投訴，還有引發各種問題的危險性。

如果想做，要不要在失敗前，先嘗試對主管或擁有決策權限者說明「我想盡可能確保招攬到這所大學的學生，所以想在大學校區內舉辦像○○這樣的活動」呢？打算做的事情，事先向主管報備過再實行的話，就算失敗也不會被罵的喔。

這種事情，要是不告知主管就自作主張、採取行動，要是失敗當然會被罵。

重要的是，為了避免失敗時淪為唯一扛責的人，必須事先做好風險控管。簡單來說，就是買個保險。

負責幫你保險的，就是代表組織的主管喔。所以只要有主管當你的保險，就什麼都不用怕了。

你似乎很擔心校方來投訴的話怎麼辦；不過每所大學應該都有類似學生福利課或就業輔導課等單位，可以請主管問問「想去貴校進行簡報說明，方不方便呢」，像這樣正式接洽，詢問意願。

我們必須懷抱勇氣、採取行動沒錯，但是所謂的「勇氣」可不是像個傻子沒頭沒腦的往前衝就行囉。為了鼓起那樣的勇氣，就必須事先確實做好風險控管。

一切都自作主張是不行的，重要的是進行中的每個重要階段，持續獲得主管裁定、判斷與認證。

就算請示時被主管說「不行」，對於提出各式各樣點子的你，主管應該還是會給予「那傢伙，蠻拚的嘛」的正面評價。

平常就與主管打好關係

基本上，所謂的組織，有課長代行、課長，有部長代行、有部長。由這種金字塔型結構組成的各團隊一起合作做出成果。在這種情況下，不可能每個人只管個人表現就好。

所以碰到自己「想做」的事情時，重要的是找主管商量。

和你商量的課長或部長，也會給出各式各樣的點子或知識吧。相反的，二十幾歲的你所提出的意見，對於主管而言說不定也會成為很棒的判斷參考喔。

儘管主管之中還是有不講道理的人吧。在那種人手下做事，想要溝通雖然很累人，但那也全在你的一念之間。

為了讓主管與自己站在同一陣線，平常就主動、積極的與主管溝通。

只要自己肯採取行動，一定會出現願意與你站在同一陣線的主管。

要是總抱持著「被硬塞工作」的心情，就無法與這樣的主管相遇。要是面對總是「被硬塞的工作」，心情總是「被迫無奈」，就無法將工作做好。

在組織中，要自己去影響主管。

只要能確實意識到這一點，不僅精神層面會變得輕鬆，面對自己的工作也會慢慢覺得開心。

要是整天擔心「會被罵說不能做那個、不能做這個」，工作就會變得很無趣。請確實與主管商量，一邊做好風險控管，慢慢實現自己想做的事。

你轉職進入公司才第一年，就被賦予招募新血的重責大任，足見主管對你的信任，所以根本沒什麼好擔心的喔。

A

考量到失敗的可能性，事先把主管當「保險」。

Q

很氣自己沒辦法把話說好

我應屆畢業進入公司第二年，因為沒辦法與他人順暢對話而感到煩惱。我在公司內的宣傳部門，負責宣傳整體相關事務（圖像編輯、文宣製作），但是與主管或其他人士交換意見時，總是無法順暢表達自身想法，又或無法正確理解對方所說的意義。

人家老誇我愛閒聊很會講，但是只要一碰到工作相關話題，就會變得嘴拙。

主管一知道我聽不懂，就會很仔細的為我再說一遍。讓我覺得很過意不去……。

我很氣自己沒辦法順暢的表達本身想

法，也沒辦法理解對方。

我該怎麼樣才能正確傳達所想，正確理解對方所說的呢？

（24歲　女性　公司職員）

如果進公司才第二年，這也是無可奈何的事

是菜鳥第二年的宣傳工作吧。總歸一句話，就是煩惱無法與主管或周遭順利溝通啊。然後，很氣這樣的自己。

才第二年而已，目前的狀態對於「自己的判斷基準」還無法明確劃出一條線呢，所以無法順利談話，就某種意義而言也是無可奈何的。因為現在正是逐漸磨練出判斷力的時期。

但是，妳很幸運喔。因為有個真誠又溫柔，願意不厭其煩指導妳的好主管。那種主管可遇不可求喔。

許多主管都會表現出自己很忙的樣子，可能還會說什麼「沒人期待聽你的意見。那種事情根本無所謂，都已經決定這麼做了」。

但這位主管，對於妳的疑問肯定像「妳為什麼會這麼想呢」、「究竟為什麼要這麼做呢，是因為……」的樣子仔細為妳說明，很仔細的在教妳工作，不是嗎？

所以沒有必要說「對主管過意不去」，因此沮喪。一而再、再而三的經歷這樣的事情，就能逐漸磨練出判斷力。

現在只是一種訓練，幫妳今後能好好整理自己的思緒，決定出「就是這個」的意見呢。不可以陷入厭惡自己的情緒中，必須用更正向的心態看待目前的狀態。

無法順暢表達本身想法，是因為經驗尚淺。既然很擅長閒聊，與同伴想必是相處融洽吧。不知道為什麼，總覺得妳是能讓職場變得開朗的存在呢。

所以，沒問題的，妳並不是不擅長說話。請這麼想，「只是經驗尚淺而已」。請別厭惡自己，並對於現在的主管懷抱感激，積極吸收主管話語。如果有疑問，也別遲疑，儘管試著問出口便是。我想，心胸寬大的主管會全盤接受那些疑問的。

好好感謝「好主管」，好好學習

我想，工作想要上手得花三年以上，又或許需要大概五年。

在那之前，請藉由許許多多的失敗多方學習。如此就能慢慢摸索出屬於自己的「判斷之線」，工作方面的話題自然也能變得出口成章。

相反的，要是過了五年還是做不到，不論是多麼寬宏大量的主管也會開始心煩氣躁囉。所以，好好努力吧。好不容易遇到一位好主管，請比以往更勇於向主管說出自己的想法或點子。

我想妳的意見可能被採納，也可能不被採納，那都沒關係。在重複經歷這樣的過程中，妳的想法也會被磨練，還能慢慢培養出解讀對方表達想法、說服對方的技術喔。

A

現在正是從失敗中學習的時期，沒必要陷入厭惡自己的情緒。

Q

身處在不賺錢的部門

我進公司第二年，職位是研究研發。我們部門的工作像是在摸索新事業，針對公司尚未進軍的新領域投入產品研發。只是，公司內部完全沒有那個新領域的技術或專業知識，處於瞎子摸象的狀態，讓我對於公司與其他競爭對手間難以望其項背的技術能力差距感受到發展的極限。

再這麼研究下去，我覺得也沒辦法為公司帶來利潤，而我本身也永遠會是個做不出成果的職員。要是真的如此，也對職涯方面萌生不安。

我也沒想過要永遠在這家公司工作下去，但想至少好好做到一件事，什麼事都好。最近腦海中也曾閃過辭職的念頭，只是都還沒有任何實際成績，也不能轉職。

自己能在一個挑戰新事物的環境很幸運，是自己的努力不足，唯今之計只能埋頭苦幹……這些道理我都懂。不過就是忍不住想，會不會正因為自己是個能力不足的人，才會把創造利潤可能性很低的工作塞給我呢？我還是辭職比較好嗎？

（26歲　女性　公司職員）

首先，妳真的想太多了呢。

第一，進公司不過短短兩年，要是一下子就能成功做出公司至今沒做過的新領域產品研發，那可真是了不起的人物啊。

目前階段，就是好好研究什麼新投入事業或產品能為公司創造利潤。要是進公司才兩年的職員突然就成功研發，那原本待在這個部門的人之前都在忙什麼呢？

妳應該做的，是在現在的部門每天學習各種事物，以前瞻性的觀點努力下去。這一點一滴的努力，在短短兩年之間是沒辦法以具體形式展現出來的喔。

就算現在轉職，結果大概也一樣。畢竟妳在職涯中什麼都還沒做到嘛。

好好學習，將學習成果轉換成具體形式，並在公司中逐漸邁入實行的階段。這要投注很長一段時間才做得到。

如果今天有個全新點子具體成形，已經提案建議公司實行，但是卻完全沒有獲得採納，那還可以考慮轉職。不過我想，妳離這一步還早得很呢。

甚至可以說機會就在這個部門裡

妳說「能力不足」，但是所謂「有能力」又是怎麼一回事呢？

歸根究底，新商品研發什麼的，與利潤本來就沒有立即的連結性，所以請暫且忘記什麼創造利潤的可能性大或小。

對於新產品研發，「以長遠的時間幅度慢慢觀察」是不可或缺的。上級對妳們部門的期待並非提升利潤，真要說起來應該算是投資部門。

妳待的是投資部門。公司目前靠某商品提升利潤，但是光靠那個商品，恐怕總有一天會輸給競爭對手，又或者商品可能過時，所以正在考慮下一個接棒的商品。請清楚意識到這一點。

而且，能被分到這樣的部門，妳應該要覺得自己很幸運。像業務就累人了呢，每天都被迫要與數字打交道（笑）。

妳暫時不用被數字追著跑，還能獲得新知識，就算上班時間整個人放空發呆，也只要說「我正在思考全新的點子」就好。沒被公司要求立刻去把錢賺回來，真的是很幸運的部門呢（笑）。

哪像我，以前有個過分的主管，三天兩頭就跑來說「怎樣都行，反正把錢拿回來就是了」。簡直是個在逼債的主管喔（笑）。

言歸正傳。我覺得能創造出全新事業或商品，是種很有投入價值的工作。

妳說技術方面比其他競爭公司差，既然如此，想想該怎麼做才能縮小與競爭公司的差距，並且迎頭趕上就好。

我之所以會想「做出全家炸雞排給你們瞧瞧」，也是因為當時「全家」的魅力商品很少呢。

公司要是再那麼繼續下去，「強化連鎖店」喊得震天嘎響也不可能做到。我就是覺得，不做出什麼有意思的強項商品是不行的。

自己的公司目前沒有強項，代表日後能變強的領域相對寬廣喔。

妳待的，是好公司。

所以首先，請別急著做出成果，「不偷工減料」、「不逃避」、「不偷懶」，懷抱學習的心情，好好投入眼前的工作吧。

A

意識到自己是在「投資部門」，對於目前的工作不偷工減料。

Q

再也受不了在這種鄉下地方工作

「討厭工作地點討厭得要死」可以是轉職理由嗎？

我今年二十四歲，是出社會兩年的業務員。頭一年就被指派負責重要的交易客戶，後來也因此被轉調到接近對方總公司的鄉下地方工作。

我對於這裡的不滿，包括「沒有朋友（也交不到）」、「放眼望去的景色都無法讓我獲得任何資訊」、「交易客戶公司規模太龐大，做的幾乎都只是末端工作」、「在鄉下生活，卻每週都得跑有大型案子的東京都」等。

不論於公或於私，都覺得住在這種鄉下地方有夠蠢的。

老實說，內心已經浮現「辭職」這個答案，只是一想到非常照顧我的主管，就遲遲難以下定決心遞出辭呈。

上田先生，請幫我注入為自己人生負責的活力吧。

（24歲　女性　公司職員）

妳是要自認為「鄉下人」的我，說著「妳這個東京人啊……」，為妳注入活力嗎（笑）？

我不知道妳是不是出身東京啦，但是身為公司職員，如果擁有「累積職涯經歷」的意識，這段經驗總有一天會成為妳的力量唷。

請將目前的情境解讀爲「了解內部狀況的機會」

妳可以負責重要的交易對象，代表主管對妳有所期待。而且我覺得這對妳而言，也是了解重要交易對象的內部狀況、總公司結等資訊的絕佳機會。

如果說已經有了想轉職的公司，或有心自行創業，那麼以「討厭鄉下地方」辭職並無不可，不過妳真的是這樣的嗎？既然要求我為妳「注入活力」，真心話肯定不是這樣的吧。

如果妳的意思是想在現在的公司累積資歷，那我覺得妳反而應該發掘鄉下生活的樂趣，同時在業務上也要將現在的生活視為了解重要交易對象的機會，努力投入工作。

「閃亮亮女子」跟在都會或鄉下毫無關係

像我，隸屬東京總公司工作第一年就被調往大阪——還稱不上是鄉下地方就是了。在大阪工作了五年，又去芝加哥工作約兩年。然後是東京，接著跑到茨城的肉雞處理公司工廠工作。

所謂的「肉雞處理公司」，簡單來說就是處理批發肉雞的公司。「伊藤忠」的總公司在青山，是個時尚區域。跟那邊的時尚感比起來，算是天差地遠的地方呢。

這些姑且不談，妳如果想以公司一分子的身分，持續累積屬於公司一分子的資歷，就要試著再多努力一點呢。

不過，要是感受到「該不會得永遠待在這裡了吧」的憂慮，請嘗試要求主管訂出一個期限。像是「兩年嗎？還是三年呢？」

雖然不知道主管會不會把妳的要求聽進去，但是不嘗試表達自己心意，事情就難有進展。妳只有二十四歲，就算在那裡待上兩、三年，還是很年輕的。

如果能在那裡磨練自己，也能磨練出身為女性的魅力，逐漸閃耀光芒。是的，就是那個！就是人稱的「閃亮亮女子」。我認為，「閃亮亮女子」跟在都市或在鄉下毫無關係喔。

請察覺，這是好待遇

順帶一提，妳似乎對於必須從鄉下的工作地點，頻繁回到東京都內也感到不滿，但是我反而覺得這可能是因為主管考慮妳的情況，所以給妳機會回東京耶。

進公司第二年的人，被派到重要交易對象的區域，而且還每週都能回到東京，這是什麼好待遇啊！要是每週回去很累人，就試著找主管談談，看是不是能改成每個月兩次或一次。

主管或許也會欣然接受吧。

爲什麼這麼討厭鄉下呢？

但是，妳說的是哪裡的鄉下呢？

竟然說是「討厭得要死」的鄉下。真有糟糕到那種地步的鄉下嗎？

或許就跟食物一樣。嘴裡嚷著討厭納豆、討厭納豆，實際上卻從來沒吃過。或許是因為沒吃過就討厭；又或許真有一想起來就討厭的經歷，造成心理創傷。

例如高中時期有個糟糕的傢伙，因此讓人有過不寒而慄的遭遇。事發地點是在校外旅行去過的鄉下，所以只要一到鄉下，就會回想起當年那件事，整個人就會不舒服……之類的。我就會給出不同的建議。

但要是「沒吃過就討厭」，就請稍微再努力一下。如果是有什麼心理創傷，就老實告訴主管，請主管幫忙處理比較好喔。

對了對了，忘記說。妳說希望我幫妳「注入為自己人生負責的活力」吧。那麼，來囉……。

「進公司第二年，能獲得各式各樣的機會。請將這段期間想成是讓自己更上一層樓、逐漸成長的階段。要是開開心心的在大都市玩樂，就沒辦法更上一層樓囉。妳這個東京人，聽到了沒有！」

這樣可以嗎（笑）？

A

如果「沒吃過就討厭」，那就太可惜了。辭職前，請重新審視自身立場。

Q 在同樣部門、同樣主管手下做了十年

我進公司第十年，始終都在同樣部門、同樣主管手下工作。公司是被當地稱為「大企業」規模的製造業，我隸屬於環境對策企畫部門。

是因為經營團隊的相關意識低落嗎，總之提案常會被類似「與其為那種事情花錢……」等論調否決，工作很難有進展。不過在這方面，或許只是因為我的企畫能力不足吧……。

我的煩惱是進公司以來一成不變的組織。要做現在手上的工作，也得更了解現場

狀況才能做得更好，就算是期間限定也好，我真的覺得人員輪調是有必要的。我之前也嘗試製造機會，不僅對直屬主管也對部門長官提過這件事，但是至今還是沒有變化。

也有傳言說，部門內的管理階層拚了命的想留住人才。我該怎麼做呢？我也開始討厭起鬱悶不安的自己了。

（33歲　男性　公司職員）

你所隸屬的環境對策部門，在大企業的製造業中是在做很重要的工作呢。我無法想像確實設置這種部門的公司，其經營團隊的相關意識會有多低落耶。

不同的提案會怎麼樣呢？

你因為被說「與其為那種事情花錢……」，所以覺得經營團隊的相關意識低落，不過提案內容都沒有問題嗎？

例如，如果提案能以更低成本做出差不多效果，或許就能獲得「很好耶，那就這麼做吧」的回應。

如果不能否定這種可能性，那就以「用

更低成本做得到嗎」之類的思考，再次檢討提案內容。

以你的情況而言，要做的並非立刻判定「經營團隊的相關意識低落」，或許有必要再稍微思考一下怎麼做才能讓提案通過。

所有的工作都與現場相互連結

還有，你既然訴求「有必要更了解現場」、「人員需要輪調」，意思是說想要職務調動嗎？

如果真是這樣，說了也不讓你走，那就代表這個部門需要你。

就算公司研究過職務調動的可行性，或許是沒有其他擁有環境對策企畫的相關知識、技能人才，所以找不到人接棒。

可能正因為需要長期累積的知識或經驗的人力，所以部門才「不放人」吧。

只是，你所說的「更了解現場狀況，才能將手上的工作做得更好」，一點都沒錯。不了解「現場的製造過程或操作狀況如何」、「採用什麼樣的工作模式」等，就算研擬出環境對策企畫，也很可能淪為極度抽象的表面工夫。所以，不了解現場還是不行的喔。

積極的到工廠等各種現場看看

但是呢，就算職務無法調動，還是有其他能做的事情，自己主動多去現場走動就行了。這樣就算不調動職務，也能了解現場。

不只環境對策，品質管理等相關職務光靠文書工作是做不來的，還是得去現場才行呢。只要向主管報告今天要去哪裡、哪裡的工廠、明天要去哪裡、哪裡的工廠就行了。

「我這個月的主題是〇〇工廠」、「我要確認B商品的生產線操作，調查能否更強化環境對策」，請像這樣與主管商量自己想嘗試的事情。

當然，也要確實報告投入後的結果或進展。要是主管說什麼「不用做那種事情」，那他就沒資格當人家的主管呢。

不過，太常跑現場或許會引來「造成現場效率降低」的投訴。但是請試著勇敢承擔起為這種可能性負責的使命感，積極的巡視現場好嗎？

只要到了現場，就會變成「社內轉職活動」

如果頻繁的在現場露面，可能反而會被現場那邊招攬「你來我們這邊工作啦」。所以這種現場訪問，就會變成像是社內的轉職活動。

我知道很多過去這麼做，因此被現場挖走的人喔。不可以窩在單一部門，要多讓其他部門認識你，獲得他們的信任。

如果真的想到現場去，那就試著認真製作人員輪調提案書，提交給公司（人事室等）如何呢？只是，提交提案請事先向主管報備。

「認真度」絕對能傳達出去

像是「本人希望向人事室提出○○提案做為人事政策。提案理由與背景為××，本人認為這對於公司經營至關緊要」。

不過，要是沒向主管報備，很可能演變成「為什麼在我不知情的情況下，自作主張提交那種東西呢」。畢竟，所謂的公司組織，要是沒有按照程序走，就無法順利推動業務。

「應該了解工作現場」，這道理套用到所有工作都一樣重要。只會坐辦公桌，根本沒辦法把工作做好。所以，你那股莫名「想去現場」的心意，能逐漸培養出積極與熱情。首先請以提案書傳達自己這樣的心意。

如此一來，應該會激發什麼變化喔。

A

就算無法調動職務，也有能做的事情。請儘速到工作現場去吧。

Q

年近五十，卻陷入「社內失業」狀態

我是某大企業外地分店的管理部課長。

由於內部組織重整等因素，公司主軸的業務部門集中到東京，業務員因此大減，契約文件或發票等送交比例也隨之大幅減少。

我很努力想分派部屬工作，也將權限移交給代理課長，讓他去做批准核銷業務，但大家還是陷入沒工作可做的狀態。在此情況下，我也完全沒有工作可做，等同社內失業。

目前狀態是避免陷入本位主義，去撿各部門覺得困擾的事情，從中找工作來做。我們可以去做這樣的工作嗎？

（49歲　女性　公司職員）

女性、課長，而且希望勤奮工作。如果妳「不喜歡工作太少」，請務必來我們公司（笑）。

我對妳的評價很高呢。課長不希望部屬苦於相同的感受，移交權限讓部屬工作。這麼一來，自己就沒工作可做了。比起自己，更優先考慮到部屬的態度，這不是很棒嗎。

而且，就算這家公司進行組織重整，要立刻刪減人員好了，我想也不會馬上解雇妳的。如果是家大企業，這種情況是不可能發生的。

請想成是「獎勵時間」

那麼，這時候妳又該怎麼辦呢。

就想成是獲得絕佳機會，更投入自己的進修或精進如何呢？像是去上上看外部的進修機構，又或者用功考取其他證照。

既然在管理部門，做的是不是會計或法務相關的工作呢？如果是那樣，我想這是個提升該領域專業知識的好機會呢。

請想成是公司給妳的自我精進獎勵時間。

展現自我精進的結果

自我精進到最後，像是半年或一年後拿到證照、念完進修等，再向公司展現成果，如何呢？

如果成果獲得肯定，說不定會問妳想不想在總公司大展身手；要是不願更動工作地區，也可能問妳想不想升上更高的職位。

無論如何，在持續自我精進之後，就能向公司宣傳自己的存在。

我也是，有空閒時間就會閱讀進修教材，又或者把之前只能分成一小段、一小段閱讀的書籍一口氣讀完。

自我精進對公司也是一件好事，所以也不見得絕對不能在工作時間做。

不只商務書籍，也嘗試讀點會計或法務相關的書籍如何呢？特別是對於管理部門的人而言，我想會獲益良多。

偶爾也可以在會計書底下，藏本小說偷偷閱讀喔。小說呢，對於拓展人生廣度是必要的。

也有小說能對工作大有助益的呢。總之，獎勵時間結束時，能展現成果就好。

公司也是，最高的成本支出就是人事費用，不會讓優秀人才遊手好閒的狀態長期持續下去。

說到底，這都只是暫時的喔。

正因如此，請有效的運用這段時間。

A

請將空閒視爲獎勵，有效的運用這段時間。

Q 像在「暗示辭職」的被告知職務調動

這是在「暗示我辭職」嗎？我該轉職嗎？

我是女性中堅主管，目前被調到母公司工作。上級要我從今年春天起回子公司去，但是我卻不清楚被調回子公司的理由。

我在隸屬的子公司中並沒有工作經驗，當初是在調派到母公司擔任社長祕書的前提下獲得聘用。我前年受到前輩祕書的斥責鞭策，一蹶不振，數度找子公司的人事商量，想要辭掉母公司的工作。不過去年開始，負責的業務改變後，工作就覺得越來越開心。

但沒多久，上面的人就叫我回子公司去。

我完全不了解這項職務調動是什麼意思，管理者只說「回去吧」，也沒告訴我明確的理由。

而且我找子公司的事業部長商量時，對方還說「這裡沒有任何需要全心投入的工作」。可以想見加班也會減少，對獎金好像也會造成影響，覺得很恐怖。

（42歲　女性　公司職員）

至少我可以說，這不是「暗示辭職」

妳是四十出頭的女祕書啊。之前在「擔任母公司祕書」的前提下獲子公司聘用，至今都是以外派形式在母公司工作。然後，突然被母公司說「妳回子公司去吧」，對此感到疑惑。而且，到子公司去好像也沒工作可做。

妳猜測這種狀況「會不會是在暗示我辭職」，可是就我看來，這絕對不是「暗示辭職」。

基本上，集團中母子關係公司之間的人事調派，大多有調派期限，就算沒有內規，任何企業的大致標準都是三年，長的話很多是五年。

從子公司調派到母公司工作十年的情況，不是極度專業的職務是不可能的。藉由人事輪調，結束外派，回到原本的公司，是正常情況下一定會發生的事情。

我不知道妳做了幾年，不過從諮詢內容看來，妳原本認為外派前提是「總有一天隸屬公司會變更成母公司」吧。

所以，完全沒預料到「藉由人事輪調回到原隸屬的子公司」，所以才會大吃一驚。結果即將要回去的公司又說什麼「沒工作」，所以更煩惱了吧。

回歸子公司的人事決定，是不是對妳的體貼呢？

為什麼會變成這樣呢？

仔細想想，「受到前輩祕書的斥責鞭策，想辭掉母公司的工作」，妳曾發生過這麼一件事吧。關於這件事，妳自己也數度找子公司的人事商量「想辭掉母公司的工作」。如果真是這樣，恐怕這就是原因吧。

妳都說想辭掉那裡的工作了，所以子公司的人事室才會考慮更動妳的職務，就覺得「既然如此，那回來吧」。

只是子公司那邊決定接受職務調動也需要時間，所以在那之前的銜接期間，才會把妳調離嚴格的前輩祕書手下，給妳別的業務做。主要考量是怕妳繼續在那位前輩祕書手下工作，從此會一蹶不振呢。

母公司這邊應該也是請妳投入與之前不同的工作，同時等待子公司方面接受這項人事調動。

我想母公司的立場，應該也是考量妳與子公司商量過「不想在母公司工作了」，所以才覺得必須讓妳儘早回歸子公司。後來子公司終於決定接受這項調動，才會出現「今年春天開始」這個時間點。

所以，轉換部門的原因，是因為妳數度與子公司的人事商量「不想在母公司工作」。我想母公司與子公司的人事，一定針對這件事持續互相討論過了。

妳在業務改變後，好像覺得工作起來越來越開心，不過人事那邊是在妳覺得「不想做了」的前提下，推動相關事務。

除此之外，我想不出其他可能性。這一切，純粹只是考量到前輩祕書的霸凌要是持續下去，妳可能還會罹患精神方面疾病，因此採取因應措施的結果。如果真是如此，那就與「暗示辭職」不一樣了，對吧？

讓人有些掛心的是，子公司方面說的那句「這裡沒有任何需要全心投入的工作」。會不會是子公司方面計劃在妳轉換隸屬部門後，再「暗示辭職」呢？這方面我就不太清楚了。

他們也不可能解雇一位什麼都還沒開始做的職員，回歸子公司後自然會指派妳適合的工作吧。只是，沒有任何一家公司會認可一個整天只會遊手好閒的職員。所以，就回子公司那裡，看看情況再說。

「祕書」也有其業務特殊性

一般而言，所謂的「社長祕書」算是頗特殊的工作呢。社長一更迭，很多情況下祕書也會隨之更替。那與女祕書或男祕書完全沒有關係。

社長祕書的職務，基本上算是人事輪替激烈的位子。大企業更是如此，像董事啦、社長什麼的一換人，祕書也會接二連三跟著換。大部分理由也是因為祕書是所謂「社長親信」的業務特性所致。

所以妳也不必拘泥被調回子公司的理由，又抑或擔心在子公司會被指派什麼樣的工作，總之先回去看看，再考慮能不能繼續在那裡工作也不遲。

是否轉職的抉擇，也是言之過早呢。

妳到目前為止都能在社長祕書這份工作上表現出色，肯定是個能幹、值得信任的人吧。回歸不曾工作過的子公司想必會不安，不過請先回子公司看看，如果那裡真的不行，到時候再打算吧。

A

不是「暗示辭職」，請先暫時觀察狀況再判斷。

Q

雖然揭發弊端，卻被暗中了結

我在之前約聘工作的公司發現某個弊端。我無法對那個弊端睜一隻眼閉一隻眼，所以向公司內部的監察室通報。我想，這樣就能讓公司採取適當的因應。

可是，實際上什麼事都沒有發生；弊端就那麼被默認，然後暗中了結。之後，我的約聘契約就被解約。大概是因為被認為知道內情，同單位的其他約聘職員同事後來也被解約。

我很幸運能轉到公司其他部門工作，但是對於今後該如何與現在的公司打交道感到煩惱。還是該轉職到其他公司去比較好嗎？

（36歲　男性　約聘職員）

首先我要說的，或許有點偏離諮詢內容的重點。不過，對於這個問題，有很多公司設置倫理暨法令遵守方針、內部通報制度，還有外部的法律事務所窗口加以因應。以現代企業治理的應有樣貌而言，如果不徹底執行這些相關措施，就會發生各式各樣的醜聞。

這是經營最高階層的意識問題呢。

請考慮「直接告訴社長」

當組織越來越大，「家醜不外揚」的力道不管怎樣就是有運作的著力點。所以除了內部通報制度或外部熱線之外，我曾經說過：「要是發生什麼事，就直接寄電郵給社長。」我不清楚你通報的內部監察人最後調查到什麼地步，掌握到多少事實，但是也可能在告知最高領導階層之前整件事就被擋下了。雖然也可能有最高領導階層希望家醜不外揚，但是請考慮將弊端「直接告訴社長」這個手段。

你所說的弊端，就「遵守法令」這個層面而言，真的是不可原諒嗎？又或者是日常業務中的必要手段呢？這部分我不清楚。只是，就算不是明顯弊端，如果覺得這件事到內部監察負責人那邊就停了，要是我的話會直接寄電郵給社長。

「我已經將這件事向內部監察那邊提報過了，結果反而是我們被迫換部門。不論待的是哪個部門，我們身為約聘職員都會努力投入工作。但是，公司方面今後還是有必要好好防範這類弊端發生，不是嗎？」內容大概是像這樣。

只是，我想別的公司多多少少也都會有類似的事情。我認為能百分之百遵守法令、倫理的公司，微乎其微。

所以，可別因為這件事情就考慮辭職喔。

話雖如此，也沒必要扭曲本身的正義感。

先決條件是以電郵或其他方法，向經營最高階層報告這件事。確認最高領導階層對這件事的態度如何，再決定是否辭職也不遲。

以匿名寫上「社長親展」的方式送出

以經營者的立場而言，除非本身也參與了弊端，不然應該都會希望「別對弊端睜一隻眼閉一隻眼，務必舉發」。

那麼，怎麼樣才能讓最高領導階層知道呢？如果覺得迷惘，就拿出信紙來吧。

要是這封信可能被親信或祕書拆封，可以在信封上註明「親展」後再送出。收件人註明「社長」，同時蓋上「親展」兩字的信，一般來說祕書是不會拆封的。即便祕書基於體貼，為了方便社長拆封，可能先用剪刀在封口處剪開一半，也不至於全拆，所以是不會看到內容的。

我覺得「希望最高經營階層了解實情的心意」非常重要。

以社長親展的形式，匿名也無妨，嘗試送出信件，如何呢？

A 試一次不行，也別放棄。以電郵或信件，直接向社長投訴。

Q

轉爲全職就無法繼續工作下去

我從離家近的職場，調到比較遠的地方工作即將邁入第四年。之前公司都讓我以短時間勤務的形式工作，但是近期之內就會轉為全職。

工作內容雖然具有投入價值，也能讓我想要努力投入，但是現在通勤時間比以前還要久，能分給家庭的時間也因此受限。

這或許是任性，但是內心有部分聲音想要優先考量與家人相處的時間，所以也在考慮轉職的可能性。我該怎麼辦才好呢？

（42歲　女性　公司職員）

最近很多人都有這種煩惱呢，對於家庭理想樣貌或工作理想樣貌感到困惑。

在我們那個年代，向主管說出這種煩惱，只會得到「你在說什麼東西啊，去工作啦」、「只要工作順利，家庭也會順利喔」等回應，然後結案。

但是，現在已經不是那種時代了呢。不論是對主管、對父母或對任何人，都很難啟齒吧。

好了，妳說該怎麼辦，不過妳已經以「自己現在最應該這樣」的價值觀，決定出優先順序了吧。妳說，想以家人為重。

現在的職場有其投入的價值，但是排第二。

一般談到類似情況，很多人反而是煩惱待在沒有投入價值的職場，光是能說出「有投入價值」就很棒了。即便如此，妳還是因為家人正考慮轉職。

既然如此，妳應該採取的行動就只有一個。

那就是誠實告知公司自己的心意。

將「真實的心情」傳達給公司

唯今之計，只能試著這麼問公司：「一直以來承蒙公司讓我以短時間勤務的形式全心投入工作。只是考慮到家人，要是轉全職我就沒辦法繼續做下去了。可以拜託公司無論如何，考量一下我的需求嗎？」

如果不問問看，了解公司能否回應這樣的問題，就無法採取下一步行動。如果公司的回答是「OK」，那問題就解決了。如果都是「NO」，再繼續交涉看看能不能像是一週內只在業務量增加的一、兩天以全職形式工作。

既然都說這家公司「有投入價值」了，像這樣明確告知妳的需求，也不至於聽到什麼「那，妳就辭職」之類的話來吧。

在遙遠的工作地，以短時間勤務的形式連續通勤四年，感覺上妳是工作很能幹的人，所以公司才會請妳轉全職吧。如果是這樣的話，老實告知「以現在的時間帶工作已經是負荷極限」，才是上策。

還有一點希望妳思考看看。

考慮一下從現在住處，搬到公司附近怎麼樣呢？

想在目前住處附近找到新的轉職公司可能很難呢。能順利找到符合期望的新公司當然很好，如果覺得現在的工作具有投入價值，不想辭職的話，我想可以考慮儘量搬到離公司近一些的地方去。

如果妳先生也在工作，必須夫妻兩人好好談談。就算還有沒繳完的房貸，還有將房子出租的選項喔。

假設你們有孩子，學校方面總有辦法可以解決吧。畢竟又不是從東京搬到北海道去。

如果要辭職，可以先充分運用有薪假，好好充電一下。休息後，再慢慢思考看看。請與先生充分討論過後，再次嘗試思考自己的人生應該以什麼優先。

現在經營者與公司的理想樣貌

現在全日本上下都致力投入「勞動模式改革」，工作模式已經變得越來越多樣化。「Diversity」（多樣性、差異化）的重要性也越來越常被提及，經營者也明白，像以前一樣所有人全職工作、一起加班，而且採用什麼年工序列制度★的企業，根本無法存活下去。

將擁有各式各樣想法或工作模式的人，整合為一，藉此共同完成事業，這才是公司，也是經營者的工作。有短時間勤務工作的職員，也有全職工作而且不排斥加班的職員。多樣化的多種人才相互搭配，這才是公司。

妳尋求諮詢的這家公司，一定也是這樣吧。除了妳之外，應該還有其他以各種不同形式工作的人，而且說不定也有人懷抱與妳類似的煩惱。正因為如此，先別擔心，重要的是嘗試向公司好好傳達心意。

我也曾經擔任過約有一二〇名職員的食品工廠最高領導階層。女性約有九成，平均年齡六十五歲。那時候，我大概三十幾歲，身邊全是比媽媽年長的漂亮阿姨呢。

其中，也有不來公司的人，而且只有在忙的時候不來（笑）。我都用小巴開到對方家裡去接人，還是不來。但我也不會要她們辭職，因為要是她們辭職，頭大的人還是我。如果多方嘗試，還是無法彌補人力缺口，最後就只好聘用新人了。那是身為企業的當然之舉。

所以，這次來諮詢的妳首先要誠實釐清自己的優先順序，然後據此告知公司自己的想法。

A

請嘗試告訴公司自己眞實的心情，然後針對「工作形式」進行交涉。

★**譯注：**年工序列是日本傳統的特有雇用制度，重視工作時間或年資等，藉以決定職員在組織中的職位或薪資。

Q 遭受職權騷擾後，被調到新單位

我目前擔任大型製造商的業務職，負責行銷等工作，是五十三歲的單身女性。沒有其他幹部職務。

我大學一畢業就進公司，被指派的工作同樣是業務。後來成績很好，也順利升遷，只是龐大的業務量造成身心俱疲，出現輕微憂鬱的症狀，因此請了兩個月的假。

回歸公司後，我被轉調到事務部門。數年後升為管理職，不論工作或與主管之間的人際關係都很順利。然而，那位主管後來屆齡退休，我開始遭受來自繼任主管的嚴重職權騷擾。

我曾想過要辭職，但是為了重新導正自己的人生，與公司商量後，從管理職調回業務職。

前言雖然很長，總之我的煩惱是最近感受到年齡造成的體力極限、對於平常無法掌握工作全貌的焦慮感，另外還有不做管理職後，公司內部對我持續投注好奇的眼光，引發精神的疲憊。

就某種意義而言，這次調動算是我在這家公司第三次重新出發，但是我每天總懷抱不安，擔心五十多歲重新來過，能否獲得對公司有用的技能。

我該怎麼做，才能擺脫這樣的負面情緒呢？

（53歲　女性　公司職員）

希望妳務必閱讀鴨長明★的《方丈記》。

「河水潺潺奔流不止，卻非源頭之水。水流平靜處漂浮的水沫，時而消失時而成形，卻不曾以固定形體恆久不變。世間之人與其棲身之所，正如流水與水沫一般。」

河水無止盡的往前奔流，而漂浮在流水中的水沫消失後再次成形，以隨時變化的姿態乘著流水往前移動。

★**譯注：**鴨長明，一一五五～一二一六，日本平安時代後期、鎌倉時代前期歌人、隨筆家、文學家。主要著作《方丈記》以佛教的無常觀為基調，描寫對於人生無常、天災地變的感慨與自省。與《徒然草》、《枕草子》合稱日本三大隨筆。

職場人生就像這樣喔。我想妳在這樣的流水中，煩惱該怎麼生活下去。河流的流動呢，有時猶如千軍萬馬、有時緩慢平靜，有時則會拍擊岩石。漂浮其中的水沫，也會在和緩水流中匯集靠攏、隨即消失，然後乘著水流前進。

希望妳別逆流而上，要保持順勢而為的生活模式與職場人生。

在河流的正中央，堂堂正正展現眞實原貌

如果將人生比喻為河流，那樣的流動對於任何人而言都不可能有止歇的一天，而且還會接二連三、持續不斷的變動。這就是所謂的「活著」呢。

在這樣的人生中，首先請試著想想看，妳現在正處於什麼樣的位置。

熬過身心罹患疾病的辛苦經驗，後來還是回歸業務工作，但是如今卻在意周遭如何看待自己。

五十多歲的資深職員，正努力想要重新找回業務工作的感覺吧。與神采奕奕的年輕同事一起工作，同時也感受到體力極限。

不過，希望妳能這麼思考。捨棄幹部職，再次要求負責業務，這只是在流動的人生中自然而然的結果罷了。

意思是，妳現在的狀況只是在那樣的流動中選擇自己最容易游動、最容易順著水流前進的職務，做為職涯的最後舞台。

所以，只要展現自己最自然的原貌，在工作上應該就能運用累積至今的經驗，做好業務活動，而那樣的姿態也會獲得公司正面評價。

妳並非隨著水流被迫撞擊岸邊、也不是滯留在水流平靜處，妳是乘著自己選擇的流動，來到現在的職場。

如果是自己選擇的道路，就該懷抱自信、展現自己最自然的原貌。因為，要是自己採取了違反心意的行動，公司氛圍也會朝妳希望流去的相反方向發展。

我也再來閱讀一次好了，剛剛說的那本鴨長明的《方丈記》。

我身邊也有以自己最自然的原貌，乘著流動生活的朋友喔。

以前他曾對我說：「喂，上田啊，像我都已經年過五十了，還沒當上課長呢。」

我回答：「有什麼關係呢，你這樣看來最幸福啊。」

結果，他也笑著對我說：「就是說啊。我很幸福呢。」

就算四十多歲的後輩超越自己，先當上課長，他卻完全不以為意呢。

對於這位「不逆流而上的朋友」，他的主管評價如何呢？

說到他的課長對於這樣的他有何評論，由於我朋友從工作流程等，乃至於過去各種細微末節都瞭若指掌，要是課長自己遇到什麼事情覺得「這樣下去不妙」，絕對第一個會去找我朋友商量，而他也會提供絕佳建議。

我朋友後來恰如其分的走完職場人生，屆齡退休。

這種人呢，退休後活得可正向積極呢（笑）。

五十三歲的妳，還很年輕喔，根本就是活蹦亂跳的（笑）。我這年過七十的爺爺都這麼說了，肯定不會錯。

所以，就算身邊有比妳年輕的人，就好好打成一片，活蹦亂跳的一起投入工作吧。妳說體力方面感到疲憊，但是那也有很大一部分是心理因素造成的吧。

因爲逆「勢」，所以疲憊

妳是因為逆勢而為所以感到疲憊，如果能順勢自然流動，應該就能活蹦亂跳的發揮原本實力了。

如此一來，或許也能回想起過去親身學習到的業務工作訣竅，而周遭應該也會隨之認同妳的表現，覺得「真不愧是某某某呢」。

千萬別困在河邊一堆垃圾的水流平靜之處，原地打轉、持續煩惱。

請在河流正中央，堂堂正正的順流前進吧。

A

切勿逆流而上。答案就在《方丈記》中。

第3章

改善戀愛、生活模式

Q

選擇有穩定工作的男性比較好嗎？

我是二十八歲的公司職員。正在煩惱該不該與工作始終做不久的男友分手。

和我同年的男友長得帥又溫柔，我想跟他結婚，但是擔心他是不是一個工作能幹的男人。他大學畢業後持續換工作，現在已經是第三家了。而且老說什麼「這家公司跟我不合。我真正想做的事情不是這個」，就想換工作。

如果考慮到來日方長，我是不是該找個工作穩定的男性比較好呢？還是我該努力改變他的想法呢？

（28歲　女性　公司職員）

對於這個問題，我就直接回答囉——這種男人，還是早點放棄比較好。你們大概也交往好一陣子，享受過屬於兩人的戀愛感覺。但是跟這種男人結婚可是不行的喔。

我起初也成天嚷嚷「要辭職、要辭職」

事實上呢，我以前就是這樣，真的跟妳的男友一模一樣喔。我在剛出社會的三年之間，也曾覺得「跟這家公司不合，就辭給你看」。

進公司頭一年，就一邊想著「這種公司還是辭了好、辭了好」，然後一邊工作，總覺得這家公司跟我不合。因為周遭全是些很會掌握工作要領，還能巧妙周旋在女性之間的人。

但是，我突然這麼想——「等等喔！」要是就這麼辭職，不論到哪裡都一樣啊。就在我這麼想的時候，正好公司要我轉調到大阪去。後來就用公司付的錢在大阪生活了。從那時候開始，感覺經歷各式各樣的改變，一回神已經入社第二年，然後大概在第三年時，就被現在的老婆搭訕了（笑）。

宣告「我遲早不會是『伊藤忠的上田』喔」

基於要跟她走到結婚的前提下，我曾經對她這麼說：「妳現在雖然跟我交往，但如果妳覺得是在跟『伊藤忠的上田』交往，要先知道我遲早不會是『伊藤忠的上田』喔。」

我是在跟她確認，介不介意我可能會辭去「伊藤忠」的工作。我想跟她說，我大概會辭掉工作喔，加上我不可能以離婚為前提去結婚，所以如果考慮結婚，還是得充分理解彼此再結婚。

我說，我也不喜歡結完婚，才彼此驚覺「不該是這樣的」，妳也是吧？所以我很可能會選這條路，也可能不會在這家公司做到退休……，說明理由後取得她的諒解。

只是，我同時也這麼說。

「這件事五年內會發生，要是過了五年我還沒辭職，我就絕對不會再說想辭職什麼的。我絕對不會變成那種優柔寡斷的男人。」

我會確保妳一生不虞匱乏、我會養妳的。我還這麼說喔。最近雖然越來越多雙薪家庭，但是當時的家庭關係一般都是專職主婦與工作的丈夫嘛。現在要是說什麼「我會養妳」，大概會被說「你這人是怎樣啊。一副高高在上的樣子」（笑）。

要當作家還是生意人

我當時之所以會這麼說，是因為眼前有兩條路抉擇：當作家，還是當生意人？我決定，在五年之內做出決定。要當作家，就辭掉「伊藤忠」；要是嘗試以作家為目標，後來卻做不到該怎麼辦呢？「我很擅長做菜，到時候就跟妳一起經營小酒館或燒肉店。」我真的是這麼說的喔。因為好不容易來到人稱「吃到翻大城」的大阪，也有足夠儲蓄做點小生意。

與當時的我相較，感覺妳的男友只是覺得與現在的工作不合，整天說要辭職而已。如果能認真投入現在做的事，在此基礎上釐清自己有別條想走的路，所以說要辭職，這樣的話我也會為他加油。但只是因為討厭現在的工作，所以說要辭職，感覺不太好耶。

結婚重要的是「承諾」

除了工作以外，妳因為男友還有其他像是長相帥氣、個性溫柔等優點，所以拖拖拉拉的分不開。所以，請好好確認一下我說的這句話——

「你有讓我幸福的覺悟嗎？」

像什麼個性溫柔、跟他交往在朋友面前很有面子等，都只是短暫的喔。

「能與這個男人攜手走過漫長人生嗎？」應該思考的，是這個才對。

所以，趁現在與對方好好確認這些問題比較好。要互相對彼此的人生承諾，如果連這點都做不到，就不要再繼續交往下去了。

結婚最重要的，就是「承諾」喔。讓他提出承諾，妳相對的也要對他承諾些什麼。

妳的男友，沒有對任何人、在任何地方承諾過吧。不論是對妳、對公司，或對工作。

請確實談談這些問題，獲得男友的回應。要是男友說「那種事情哪說得出來啊」，就當場分手吧。

A

如果是不給承諾的帥哥，請現在立刻就分手。

Q

生產年齡的極限迫在眉睫

我在東京大企業上班達十五年以上。老家在外地，雙親都已經退休。年過三十五左右，雙親就開始催促說「快結婚吧」、「讓我們抱孫子啊」。每次只要回老家探親，看到父母日漸老邁的樣子，也會想讓他們享受含飴弄孫之樂。

但是另一方面，我覺得現在的工作很開心，每天生活都很滿足。基本上家事都處理得得心應手，不會感覺到任何不便。雖然想生孩子，卻不會因此就特別想要結婚。

我也想過，最糟糕的情況就是只生小

孩，讓父母抱孫子就好；但是說到成為單親媽媽的覺悟與自信，我全都沒有。

「只為了生孩子，跟一個不喜歡的人結婚怎麼樣呢」、「去結一個自己無法完全投入的婚，父母會開心嗎」……我也開始萌生這樣的疑問。生產畢竟也有年齡極限的問題，因此正煩惱該怎麼辦才好。

（39歲　女性　公司職員）

首先呢，妳真的很棒耶。不論是現在任職的公司或工作都覺得樂在其中，感受到投入價值，努力的全力以赴。真的很棒呢！

只是，其他的想法就不太好了。

想讓父母抱孫子，自己也想要孩子。因為這樣，當個單親媽媽好嗎？這種想法真的很荒唐喔。

孩子呢，是男女相愛、談戀愛、結婚，最後誕生的結晶。當然夫妻關係出現摩擦，愛情冷卻，因此有可能離婚而成為單親媽媽。然而，只是為了生孩子，跟一個不喜歡的男人結婚，是很荒唐的喔。

對此，我想要來個當頭棒喝。喝～！

雙親催促也是情有可原

我很了解妳父母的心情呢。做父母的總會擔心子女，特別是女兒呢。對於遠赴東京、隻身打拚的女兒，妳父母應該是很引以為榮的。

只是一般為人父母的心情，總希望妳能擁有幸福家庭，可以的話也希望妳有孩子。所以久別重逢，就會忍不住說出「早點讓我們抱孫子啦」。但是，那也只是一種口語表達罷了。我也是孩子的父親，所以能了解。

我們家三個都是男生，不過我想說的與兒子還是女兒沒有關係，對於兒子我同樣也會說什麼「快結婚啦」。

像是「看你老了以後怎麼辦啊」之類的。

還在工作時可能無所謂，只要想到總有一天孩子上了年紀退休，得獨自面對私生活時，就會忍不住說出「什麼時候才要結婚啦」。

實際上，我有四個孫子就是了。正搖搖晃晃的學走路、滿地亂爬呢（笑）。

這是題外話。只是，不論孩子幾歲，父母的操心總是無窮無盡，這是人生再普通不過的正常現象。為人父母，就是會忍不住問「怎麼樣？身邊沒有好男人嗎」這樣的話來。

現在神采奕奕的投入工作，也都有好好生活，女兒的「現在」沒什麼需要操心的——妳的父母會這麼想。

只是所謂的「父母」，就是會無時不刻的去考慮子女的一生。無論如何就是會操心日後的事情呢。

妳要是將內心想法直接拿去問父母，他們會氣得不得了，還會更擔心喔。

所以，別再去想什麼「當個單親媽媽好嗎」、「跟不喜歡的人結婚生小孩怎麼樣」這種念頭了。

請更加、更加喜歡人吧

順帶一提，妳認識畠山綠嗎？她是位演歌歌手，在〈戀愛源自古老神話時代〉（恋は神代の昔から）這首歌裡，歌詞是這樣唱的：「談戀愛吧、流下熱淚吧，越談戀愛就會越顯嬌媚。」

簡單來說，像妳一樣在工作崗位上閃閃發亮的三十幾歲女性，越談戀愛，人生就會越閃耀動人。

請積極的多談戀愛吧。那麼一來，與妳被姻緣紅線繫在一起的男士肯定會在眼前出現。別忘了，就算真有那位小指被紅線與妳的小指繫在一起的男性，妳自己不採取行動，是找不到那位男性的。

戀愛這件事，不採取行動是不會自己送上門來的。

所以，請在工作空檔更加、更加的去喜歡人吧。走到能認識更多人的世界去，嘗試主動出擊如何？

這麼一來，絕對會有個人能讓妳喜歡，而他也會喜歡妳。

請嘗試在工作之餘，積極拓展各式各樣的人際關係。

也希望妳神采奕奕的投入工作

我也很了解，妳擔心再這樣下去會超過生產適齡期。正因為如此，請妳快點談戀愛，越談戀愛會越顯嬌媚。或許有人會說，戀愛談個沒完，適齡期還是就過了啊。但是，要說優先順序是生孩子，倒也不是吧。

談戀愛、生小孩，養兒育女，同時也能神采奕奕的投入工作，希望妳務必能以此為目標。「隨便怎樣都好，就是想要個孩子」這種想法不可能當成抉擇時的參考依據。為了妳的幸福，也為了孩子出生後的幸福著想，先談戀愛應該是大前提。

要幫不喜歡的人生孩子，還不如不生，不是嗎？沒有孩子，也能擁有豐富的人生喔。

A

別爲了「渴望孩子」而急著結婚。談場精彩的戀愛吧。

Q 年收入、家世都好，卻聯誼、相親接連失敗

我是來諮詢過「不想去那個充斥蠢貨的職場」（第六十四頁）的那個男生。這次可以讓我問問關於「婚活」★的煩惱嗎？

我的收入比起同齡男性的一般水準還要高一些，單身生活讓我每個月存摺數字不斷增加，卻仍擺脫不了孤獨感。所以個人愚見是投資在婚活，做出成果讓父母開心。

我在大企業工作，也是幹部候選人，一般而言社會評價不算差。說到家世，身為經營者的兒子（排行老二），我想也不會差到哪裡去。我也很注重外觀，每天都做肌肉訓

練，持續自我改善。參加過的婚活方面，為了方便我回顧，每天都會寫日記，希望了解自己哪裡做得不好。

我自己覺得已經很積極行動了，卻總是不順利。

我過去曾有兩次婚約作廢的紀錄。就我的理解，箇中原因是渴望獲得他人肯定的慾望太強烈的缺點所致。老實說，兩次婚約作廢的經驗，讓我對於女性總難以抹去「薄情」的印象。

我為此意志消沈、眼淚也都流乾了，真的很痛苦。拜託，請幫幫我吧。

（31歲　男性　公司職員）

★**譯注**：結婚活動，日文簡稱「婚活」，泛指以結婚為目的積極投入如聯誼、相親等一連串的活動。

上次諮詢時，就有件事讓我耿耿於懷。

抱怨主管怎樣、周遭都是蠢貨什麼的，你對他人的標準極度嚴苛。因為自己的價值觀已經定型，以此為基準去看待對方，然後全都覺得不滿意，不是嗎？

請認同對方的標準或價值觀

對於婚活也是，你是在認為自身所處環境或社會地位都無可挑剔的前提下，覺得就先交往看看；但是，我覺得你不太能思考「一旦親密交往後，對方是怎麼看待你的」這個問題。感覺上，任何一切都是以你自己的基準在跟對方說話。

要是那樣，從婚活對象的立場而言，與你對話或共度的時間，大概會覺得窮極無聊吧。一切都是以你自己的基準或價值觀為主，單方面說個不停，感覺無法打成一片。如果無法認同對方立場、對方的標準或價值觀，就無法做心靈的交流。

說到擁有相同價值觀的人，可不是這麼常見耶。傳說遠古神話時代的男神伊邪那岐，還有女神伊邪那美繞著天之御柱，然後生下很多孩子，創造了日本。不過若說他們的價值觀全都一樣，那可就錯囉。

據說伊邪那美死後，伊邪那岐思念之餘來到黃泉國想與她重逢，結果目睹伊邪那美與想像中判若兩人的恐怖樣貌，驚慌失措的逃回人間。從這個小故事我們應該學習到的是，人與人相遇，愛上某人，意味著全盤接受從資質、性格、生長環境乃至於價值觀等，另一個人一切的一切都與自己截然不同。

畢竟不是跟複製人交往，想要所有一切都跟自己相同，從遠古神話時代就是不可能的事。首先，請好好審視這樣的原點。

必須先了解，「與人交往等同與自己截然不同的人交往」這個大前提。這點不論是工作上，或男女之間都適用。

例如，跟討厭的同事去喝酒，像我可是很樂在其中喔。這個人為什麼可以這麼怪呢？這個人為什麼會將職權騷擾視為本身的生存意義呢？我對這些都很有興趣。

如果是去喝一杯的話，那些人就會原形畢露吧。如此一來，對方接下來又會說些什麼，總讓我興致盎然。該說是「越怕越想看」嗎，越了解那些人，越會慢慢覺得「這世界真的有好多人與自己不一樣呢」。像我，目前為止還沒交往過與自己價值觀相同的女性。家裡的老婆也是，我對她只有滿腹疑問，納悶「到底為什麼會出現這種念頭啊？」一心只想著，為什麼啊。

所以，總會忍不住脫口而出「傻了嗎你」。然後對方就會回嘴：「怪的人是你吧。」我聽了會不安的想說，「我，很怪嗎？」但是，這樣不也很有意思嗎？

會覺得有意思，或許是因為我內心擁有「享受差異」的餘裕吧。畢竟，又不是跟自己媽媽結婚。

這世界上有些媽寶會說：「如果不是跟媽媽相同類型的女性，我是不會結婚的。」不過基本上，只要是所謂的「生物」，就會與擁有不同DNA的個體相互連結下去。不論動物或花草都是，自然界基本上都是這樣的吧。人也一樣喔。

所以，不可以根據本身的價值判斷或定義，死硬認定「自己應該要跟這樣的女性交往」。要是這麼鑽牛角尖，會讓對方覺得無聊透頂。

接納對方差異，不是要壓抑自我

你或許就是因為優先重視這樣的自我價值觀，才會導致兩次婚約作廢。不論在職場或是婚姻活動，你會不會都顯露出這一面呢？不論對方是男是女，還是必須將「差異」視為理所當然，一邊與對方交流呢。

為了與人長久交往下去，重要的是要分兩階段進行。首先，在清楚認知「彼此不同」的前提下，從享受差異開始。不過，假使總對於彼此的差異耿耿於懷，只要是人都會感到疲憊的。所以在疲憊之前，要轉為慢慢發掘相似處、共同的價值觀。

這部分就沒必要壓抑自我喔。要是無法忍受，可以生氣，也可以吵架喔。像我，跟老婆的價值觀完全不同，有時就會怒火攻心呢。不過，還沒到動手的地步就是了。但是有好幾次，真的不小心說出「我要動手囉，最後要是忍不住的話。」

不過呢，就算嘴上說什麼「要動手囉」，我還是認同「但這女人也有像這樣或那樣的優點」。老婆也說過一樣的話，她說：「孩子的爸老說什麼『要動手囉』、『閉嘴』，但是孩子的爸也是有優點的呢。」只要能在認同彼此差異的同時，挖掘共通價值觀的部分，最後就能取得平衡。

你說哭了，代表自己還是有在反省的吧。你或許是個完美主義者，但你必須擺脫這種咒語的束縛才行。針對這個煩惱的結論，總結一句話就是「解脫」吧。

請解脫吧。離開自己的世界，去看看真實的世界吧。這可是邂逅出色女性的前提喔。

A

一次也好，脫離「自己的世界」，好好看看這個眞實的世界。

Q

怎麼樣才能更靠近單戀的前輩職員

我是鼓起勇氣才來諮詢的。我是某大企業業務部門的派遣員工，負責行政工作。大概半年前我開始這份工作，不久就喜歡上在同個地方上班，大概大我三歲的男性。

他沒有特別帥，身高一七〇公分左右，很久以前大概有在運動吧，結實的體格剛好是我的菜。

他工作很能幹，好像也深受主管信任，總是開朗的投入工作。辦公室只要有他在，我就會忍不住想著他，眼神也總是追著他跑。他常因為業務找我說話，光是這樣，就

會讓我心頭小鹿亂撞。

我們兩個沒聊過私人的事情，到目前為止，只有工作聚會場合一起出去過幾次。

他對我或許沒什麼興趣，但是我的內心越來越渴望他能注意我。狀況大概是這樣子，我今後該怎麼辦才好呢？

（26歲　女性　約聘、派遣員工）

看看現在的世道，跟我們二十幾歲那時候不一樣，女性會主動出擊了呢。簡單來說，對於談感情啦、戀愛啦，女性比男性主動出擊；行動方面，也就是大家所說的「肉食系」吧？男性呢，要說是哪種系，聽說比較處於被動弱勢呢。

有段時間，所謂的「草食系」很流行，所以就我看來，女性的這種煩惱聽起來真讓人懷念。身為老派男人，有點開心耶（笑）。

要主動、要出擊

只是，光說怦然心動是不行的喔。還是必須多採取行動。要主動、要積極、要出擊。

不過，只是主動出擊，會把男人嚇跑的喔。

要是以很奇怪的方式突然跑去說什麼「好喜歡、好喜歡」，對方也會大吃一驚吧。

所以，可以先藉著工作嘗試邀約：「我從以前開始就有很多事想向您請教或請您指導，可以一起吃頓飯嗎？」

如果吃飯有困難，或許可以改約：「下次要不要去喝一杯？」最近的年輕人，遇到初相識的人開口邀約喝一杯，大多都會爽快答應吧？

第二次的話，對方比較容易約

首先，用工作什麼的做為契機，不論是吃飯或喝一杯都好，總之開口約約看。

我想說的是，要是從頭到尾僅止於自己一個人在那邊怦然心動，最後徒留怦然心動的回憶，未免也太無聊了吧。

應該積極的去接觸一次，約出去吃飯什麼的，藉此機會天南地北的好好聊聊。

一開始先體貼的說一句：「這次是我約你的，所以讓我請客吧。」我想是男人的話，都會回答「別這麼客氣啦。我來付就好」。
妳再接著說，「不用啦，不然這樣好了，各付各的吧」，對方對你的好感度肯定瞬間爆表。
為了製造再見面的機會，至少得表現出這種程度的堅定立場才行呢。第一回合就結束的話就毫無意義，所以必須營造出讓男方容易開口邀約下一次的情境。這樣一來，對方大概也會覺得妳很爽快，自然就會有所進展吧。

首先，要製造契機。為此，妳必須自己採取行動才行。只是自己一個人在那邊心動，是無法將心意傳達給對方的。要是持續砰砰砰的怦然心動，最後可是會心臟麻痺的喔（笑）。
還有，不可以害怕失敗。
「越戀愛越顯嬌媚」，我曾用這句話回答其他人的煩惱（第一七七頁）。總之，不能害怕戀愛失敗。因為接二連三的失敗，會讓妳更顯嬌媚的。

兩人交往成爲辦公室八卦也無妨

有些人因為喜歡對方，所以會強烈意識到對方的一舉一動，沒辦法變得積極，大概是因為害怕被對方拒絕吧。但是，不管戀愛或工作，都會面臨同樣的問題喔。所以還是得鼓起勇氣，踏出第一步，不然一切都不會開始。

沒有人知道到底會不會被拒絕。面對恐怖客戶的業務工作也是，沒有真正跳進去就不知道真正結果如何。

不過，要是在公司內一直抓不到說出「要不要去吃個飯」的時機或氛圍，那就沒辦法了——只能使出我家老婆搭訕我的那一招了。

事先調查他每天的行動模式，再若無其事的走在他常出沒的場所，來個不期而遇。到時候就說「啊呀，是○○先生啊」。順利的話，自然能縮短彼此的距離。

對了、對了，我以前還遇過「紙團」飛過來呢。有顆被胡亂揉成一團的紙咻的飛過來，我納悶是什麼東西，打開一看，裡面居然寫著「上田先生，今天要不要一起去吃個飯呢？」

不過，找我諮詢的妳，周遭應該有其他同事也有主管在，不能推薦妳扔紙團耶（笑）。

總之，採取行動就對了。要是只會自己一個人在那裡怦然心跳，最後只會剩下悲傷的回憶。儘管採取行動後被拒絕，內心可能會遭受衝擊，但是不會因此公司就待不下去的啦。應該沒有哪個笨蛋會去吹噓被同辦公室的女性邀約，然後自己拒絕了。而且說到底，如果真是那種傢伙，妳會慶幸還好沒交往吧。

男女關係萬一在辦公室變成八卦而傳開，多半都是因為偷偷交往的關係。要是見個三、四次面，或許會變成八卦，不過那也代表戀愛進展順利，沒什麼不好吧？

所以，變成辦公室八卦也無妨喔。說起來，哪有什麼戀愛可以安安靜靜的談，不被任何人發現呢？如果擔心變成辦公室八卦怎麼辦，等事情真的發生後再來擔心吧。

A

變成八卦也無妨，總之要積極。害怕辦公室戀情無濟於事。

Q

現場目擊社長與課長的雙重外遇

我在某大企業的子公司工作。前幾天晚上，我在東京都內的一家餐廳跟女友吃飯時，看到社長跟我們的女課長，兩個人在內側座位開心的吃飯。有時候，好像還看到他們的手在桌面彼此交握。公司內部一直以來就有謠傳說，他們各自擁有家庭，卻搞雙重外遇。

本來主管外遇，或跟社長搞雙重外遇，都跟我沒關係。畢竟，戀愛是個人自由。但我無法原諒的是，那個主管很習慣職權騷擾。只要有事情不如她的意，就算不是部屬

過失，就會歇斯底里的怒吼。而且她只要一生氣，用字遣詞常會否定別人的人格，之前有部屬還罹患憂鬱症，沒辦法再上班。

最近正覺得她的舉止越來越旁若無人了，說不定就是因為跟社長關係交好，所以才越來越囂張。我對於跟這種主管交往的社長同樣是一肚子火，這種情況要是持續下去，公司前景堪慮。

應該藉此機會，直接撥打職權騷擾檢舉熱線嗎？順道一提，雖然畫質不太好，但是我也用手機保留了外遇的現場照片。

（35歲　男性　公司職員）

雖然現實生活中不乏這種事，不過一般公司都會成立所謂的「法令遵守委員會」或「風險控管委員會」等，希望讓事情能光明正大的攤在陽光下。所以，這次的諮詢內容不論是從道德、法令遵守又或風險控管層面來看，都是完全出局的。

所以，你就立刻打熱線申訴吧。

追根究柢，為什麼設置所謂的「熱線」呢？是因為這家公司重視法令遵守吧。既然連「熱線」都有了，代表這家公司確實設定了關於遵守法令或倫理的基準或方針。

但是，社長卻自己打破了相關規範。設定基準，卻沒有被正確運用，也沒有被遵守。果然，你該打熱線投訴呢。

所謂的「熱線」，應該是可以匿名告發的。不只你的目擊資訊，實際上同事間大概也有人因為職權騷擾而過得非常辛苦，又或遭受壓迫。你可以私下問問這些人的想法，然後聯名告發。要是不想用電話說，寫信也是一種方法。必要的話，也應該附上照片。

「沒有跨越那條線」說不過去

雖然戀愛是個人自由，不過這個個案在倫理上是有問題的。社長對此應該要有所自覺。在藝人的劈腿謝罪記者會上，會有人以「並沒有跨越那條線」做為藉口。就算這位社長並沒有跨越那條線好了，但事實上已經一起吃飯，出現讓人懷疑的舉止，這樣就已經出局了。不過，顯然這位社長並不了解這一點。

首先，社長必須反省自己輕率的與女職員出現那些舉動。這次的諮詢內容很明顯的有外遇的味道；就算不是外遇，出現讓人懷疑的舉動也不行。

而且交往的女課長，姑且不論是否把「自己與社長交往」這件事當作後盾，如果在公司內有嚴重的職權騷擾行為，就不能放任不管。那可是身為社長的責任呢。

這位社長對於交往的女課長是出了名的會職權騷擾，恐怕早有耳聞；要是不知道，也總該有人讓社長知道了吧。為了社長自己，為了遭受職權騷擾的職員，都該讓他知道。

既然這是公司整體的問題，就必須儘早端正歪風。所以我覺得，應該立刻撥熱線舉發。

如果你的公司是有名的上市公司，週刊雜誌是不會放過這條消息的。對於社長而言，與其被週刊雜誌揭發，還不如被熱線指正比較好吧。對此可不能睜一隻眼閉一隻眼。

「因爲是社長的愛人」所以放任不管，這是NG行爲

熱線沒有被好好運用的最大原因，是因為怕被鎖定是誰說的，檢舉人反而遭受猛烈責難，所以人人自危吧。但是熱線只要運用得宜，實際上是不會因為撥打熱線而遭受牽連的。

我們公司當然也設有熱線，在設立「法令遵守委員會」或「風險控管委員會」時，還揭示這樣的標語：

「不做、不使人做、不視而不見」

我覺得「不視而不見」，對企業而言很重要。

與社長交往的那個女課長大概沒有自覺吧。所以，需要有人阻止她。有外遇對象的權力撐腰，對部屬職權騷擾，自己卻對此毫無自覺，真的是非常危險。

不能坐視「奇怪力量」

不過，這問題在大企業卻很常見呢。例如，在長期掌權的社長身旁服務五年或十年的老鳥祕書，明明沒有任何權限，卻能斥責董事或本部長層級人士，諸如此類的情況不論過往或現在都很常聽到。

就算不是社長，也可能以親近〇〇董事，或是與△△部長交情好為由，發揮奇怪的力量。要是放任這種情況不管，那個人就會慢慢成為「碰不得」的存在。

人人都忌憚「因為是社長的愛人」、「因為部長喜歡」之類的理由。正因如此，如果有熱線就必須好好運用，根據正規管道通報資訊，企圖改變這種狀況。

這次的諮詢內容——社長與女課長的外遇——在幹部或部長之間恐怕早已傳得人盡皆知，相關八卦大概一觸即發。但是，現在卻被壓著不處理。

因此，現在立刻就用熱線讓大家知道比較好。如果有照片能佐證，就一起交上去吧。

A

這個個案完全出局，請立刻用熱線報告。

Q

無暇照顧丈夫，導致離婚

我是任職於金融機關綜合職務的職業婦女。在磨練自己的專業資格、英語、業務知識，確實投入工作之餘，家事負擔也幾乎都落在我身上。工作、家事，養兒育女已經讓我忙到焦頭爛額，大概得怪我因此無暇照顧丈夫吧，丈夫外遇了。這次，我們兩人決定離婚。據說丈夫離家後，與外遇對象一起生活。雖然我的年收入方面沒什麼好擔心的，只是這件事造成的衝擊，讓我無法再專注投入工作。為了能與孩子勇敢的好好活下去，請給我斥責與激勵。

（45歲　女性　公司職員）

不論工作或家事都拚勁十足的一肩扛起，卻必須面對丈夫外遇，最後離婚，直到現在還因為內心衝擊，無法專心投入工作——常聽到男人因為不顧家庭、整天工作，導致妻子外遇的故事，但這次的個案完全相反呢。

說起來，這種男人不行啦。這種男人，即便工作也沒辦法好好處理。像那種會在老婆懷孕時外遇的男人，根本不懂人情義理。

這類男人孌多的吧。而且，這類男人很多做事都不像樣呢。我這一路走來，類似事例也看多囉（笑）。

妳的人生才正要開始

妳才四十五歲而已，比我年輕多了。現在女性的平均壽命，大概都超過八十五歲了，你們這一代的平均壽命肯定會延長到百歲以上。這樣一來，屆時或許是個年過八十也得持續工作的時代。由於少子高齡化的關係，可能還會發生「八十歲後不工作會讓人傷腦筋」的情況。

總之，在人可以活到一百歲的時代，對於還走不到一半的妳而言，人生才正要開始。

這段人生如果想活得充實又豐富，就立刻把那個外遇男扔進垃圾桶（笑）。扔進垃圾桶後，其他事也全掃進遺忘的彼端去。

沒用的東西通通丟進垃圾桶。現在立刻在紙上寫老公的名字，用紅筆什麼的寫上「大笨蛋」，然後扔進垃圾桶。

年收入方面沒什麼好擔心的吧。既然如此，就更該這麼做。

工作也要拚勁十足、戀愛也要拚勁十足，就這麼積極活下去吧。妳以前或許為了養兒育女忙到筋疲力盡，不過孩子也差不多不再需要像以前那樣耗費心神了。

今後你身邊會出現新交際或交往關係吧。也請像以前一樣，拚勁十足的投入工作。現在該做的事情，就是把外遇丈夫扔進垃圾桶，乾脆的忘掉。

然後，要這麼相信：

「垃圾處理掉了」、「垃圾處理掉了，我也變美了」、「啊～太好了」。

要向孩子清楚交代離婚的理由

父親外遇這件事，也向孩子說明比較好。

如果先生平常很疼愛孩子，什麼都不說的話，孩子是不會明白的。萬一孩子想說，為什麼啊，要是以為是媽媽不好，就真的不好囉。

例如，因為之前幾乎都是妳在照顧孩子，常常責罵孩子，頻率比先生多。或許孩子會覺得「為什麼媽媽老是這麼生氣啊？就是因為這樣，爸爸才討厭媽媽吧？」

要跟孩子說清楚，事實不是這樣。做錯事的是爸爸，因為爸爸外遇所以才離婚。這件事，必須向孩子清楚交代才行。

或許也有人認為「孩子不知道比較好」，但我還是覺得，讓孩子了解自己的父母是因為父親外遇才離婚，這對孩子的日後成長會比較好。

等他們長大，能夠了解成年人的狀況後，會自己思考像是「爸爸那時候為什麼外遇呢」、「媽媽為什麼顧不到爸爸呢」等各種問題，然後自己找出答案。

不過現在以母親的立場而言，清楚傳達母親的理由比較好。否則，光是「離婚」二字對孩子而言就是件大事了，母親又不清楚說明理由，會覺得更混亂。

要是妳繼續因為這個打擊哭哭啼啼，我擔心妳會因此喪失自己出色的特長呢。因遭逢打擊處於連工作都無法專心投入的負面精神狀態，這完全不是妳的作風，而且為了一個外遇男變成這樣也毫無意義。

不過，所謂的「男女關係」就是這樣吧，連這麼能幹可靠的女性，遇到老公外遇同樣會遭受打擊。諮詢內容寫得那麼簡潔瀟灑，不過，傷得很重吧。

遇到老公外遇，萌生「當時應該多顧及老公」等悔恨的心情，我是可以理解。但都已經是過去的事了，就全部忘掉吧。

說到底，所謂的「照顧丈夫」又是什麼意思呢？是傾聽對方說話、打理日常生活起居之類的嗎？

就算是這樣，覺得「希望老婆照顧我」，又或為此心生不滿的男人也很沒用耶。既然夫妻都在工作，得成為一個能好好照顧老婆與孩子的男人才行呀。

總歸一句，是那個男人配不上像妳這樣不論工作或家事都能拚勁十足、好好處理的優秀女性。

A

請立刻將外遇男扔進垃圾桶。

Q

只要預定好的事被打亂，先生就會心情不好

我到底該怎麼配合我先生呢？先生老是突然決定家族旅行或外出計畫，要去哪裡是沒關係，但是抵達當地後的計畫都不先決定好。傷腦筋的總是午餐問題，明明沒有事先預約，卻老想吃當地才吃得到的東西，但是人太多要排隊又或者手機找不到餐廳位置時，就會心煩氣躁的鬧脾氣。

我們兩個因為有孩子，早上都很早起，所以也希望能早點吃午餐，我都會在孩子鬧起來之前提議折衷方案，這時候就會得到一句「那隨便你吧」。

丈夫下班回家都很晚，我都不等他直接睡覺，所以旅行前也沒辦法討論計畫。我只能想好幾個方案，根據先生的心情與天氣輪番上陣。夫妻間少有對話。

（38歲　女性　約聘、派遣員工）

這個問題，簡直在說我耶。

我現在，已經沒有這種感覺就是了。妳三十八歲，那麼先生大概幾歲啊？四十幾歲嗎？

我那個年代呢，幾乎都是凌晨才回家的「凌晨大人」呢。妳說「丈夫回家都很晚，所以我都自己先睡」，但是我回家時，可不容許太太在睡覺。她在睡的話，當然……要吵醒她。

我會說「回來囉」、「真是喝太多了，要是不吃碗麵再睡。明天那酒臭味可不得了，去煮碗拉麵來」。

太太雖然會抱怨「又這麼晚」，但還是會起來。而且我還會吩咐她說早上要叫我起床喔，讓太太很受不了呢。

她說：「我每次都被你在凌晨一、兩點吵醒，就算這樣，還是得在六點叫你起床。」

不過呢，聽她這麼說，我總回答：「只要我一去公司，妳白天就能睡覺啦。之後再好好補眠吧。」讓她更受不了。

營造理解彼此、相互尊重的關係

「如今這時代是不可能的啦！」旁人聽了或許會這麼說吧。不過我周遭也有這種人喔，畢竟我結婚時說的可是「默默跟著我就是了」之類的話呢（笑）。但是最近太太倒是也不再沈默了。

對方呢，結婚前也大概知道我是什麼個性了。結婚前是互相提出各式各樣的條件才結婚的喔。我已經先說過，自己是這種行為模式的男人，而太太也說出絕對不希望我做的事。彼此在尊重那些當初約定的情況下，攜手走過夫妻生活的。

順帶一提，太太要求「不希望我做的事」，就是絕對不能搞外遇。特別是，絕對不原諒跟非專業的一般人外遇（笑）。當然，我到目前為止都有守住這個約定喔（笑）。

就像本次諮詢所說的，例如孩子從同學那裡聽說「全家去了哪裡、哪裡的海水浴場」或是「去了遊樂園」，太太也會抱怨「孩子說我們家都不會帶他們出去玩呢」。我想每個家庭都會有這種情形。

像我的情況也是，因為最初有跟太太約定好，所以太太好像會幫我向孩子解釋「爸爸每天都在公司忙，假日得讓他睡才行」。不過還是會對我發出類似的不滿。

被這麼一說，遇上假日我就會覺得「那就走吧」。但到了假日，才臨時想說「去那裡」、「去這裡」。如此一來，就跟尋求諮詢的妳遇到一樣問題了呢。

我會迅速擬定大致的計畫，像是「去到那邊，就在這裡吃飯」之類的。當時沒有智慧手機，要是結果不如預期，會比現在更煩躁。

太太則是說：「唉，有什麼關係呢。晚上再吃好吃的，中午先找有空位的地方就好啦。孩子們也都不耐煩在胡鬧了。」一邊配合著我。沒錯，就跟你們夫妻的狀況完全一樣耶。

並非針對太太「惱羞成怒」

這種事情一再上演後，我太太怎麼做呢？她說了跟妳一樣的話呢。所以我也這麼說了：「那隨便你吧。」

因為白天要是去到遊樂景點人擠人，孩子們會躁動不安、心煩氣躁，所以老婆就開始準備便當。將什麼高湯煎蛋捲啦，小香腸啦都放進去，為我則準備了魷魚乾或醃菜等下酒菜。

簡單來說，妳要這麼想的喔。雖然先生感覺很生氣的說出「隨便你」，但是看到太乾脆執行了自己的計畫，內心反而覺得「得救了」呢。

「隨便你」的惱羞成怒，並不是在責備你。

先生內心其實覺得感激

被說什麼「隨便你」，妳也會心煩氣躁吧。不過當妳說「好，那我高興做什麼就做」，真的實行自己的計畫時，先生內心應該是充滿感激的。

雖然嘴巴不說，其實本人覺得自己理應擔起這一切。妳或許感覺對方是因為事情不順利就把氣出在自己身上，但是妳先生對於幫忙執行計畫的妳，應該是心懷感謝的。

被先生惱羞成怒的說「隨便你」，太太或許會想「他是全都想要自己處理嗎」，或者「他討厭自己的計畫被干擾嗎」。但是，請別這麼想。我以前也一樣，所以很清楚。

當自己說出要做，但是擬定計畫又不順利時，妳很乾脆的幫忙收爛攤子，這會讓人滿懷感激呢。

也就是說，妳先生也覺得為了家人得做些什麼才行，而且也自認有在付出。所以，並不是完全扔著不管喔。但是本身工作很忙，這點也希望妳能理解。雖然晚上都很晚回家，但另一方面，心裡還是念著必須為老婆孩子做些什麼。

所謂的「隨便你」，並不是在生妳的氣，而是因為計畫執行不順利，心煩氣躁之下對自己說的一句話。這並不是針對太太說的喔，是對自己說的。請將妳先生想成是這樣的男人（笑）。

從太太的立場看來，或許會有這樣的心情「我為什麼得處處顧慮先生的心情呢」。只是像妳先生這類型的人，與其期待他會改變，我想由太太去調教先生會比較簡單呢。換句話說，就是由妳去調教先生。

妳先生既然有心想為你們做些什麼，懷抱這種心情的丈夫是很容易被調教的。只要調教成功，今後的夫妻關係、家庭關係就會非常順利吧。

沒有大男人主義這回事，根本逃不出太太的五指山

解決之道呢，只要好好捧他就行囉。就這樣。

總之，就是儘量吹捧。

像是「親愛的，你工作這麼拚命，每天都拚到這麼晚，同時也好好照顧家庭，為我們做了這麼多。謝謝。只是，看到你心煩氣躁，我們也開心不起來。稍微放輕鬆一點嘛」、「我跟孩子都不喜歡去吃那些要排隊的名店。只要晚上在旅館或飯店悠哉吃一頓好吃的，那就夠幸福啦」。

妳先生不論妳說什麼，好像都扔出一句「隨便你」，接著陷入沈默，彼此之間也難再有對話，但是就請妳先試著吹捧他吧，說出類似「多虧你呢」這樣的話。希望妳能思考像這樣的調教方式。

這種類型的男人很容易調教喔。像我，就完全被調教成功啦。我對太太做的事情，動不動就會感到煩躁，高分貝的抱怨個沒完，有時還會勃然大怒，自己都覺得自己是大男人主義者。

但事實上不是這樣的。只要太太說「是啊、是啊」，然後說什麼「這樣一點都不開心呢，但是你還有這麼棒的部分喔」，我就會覺得「嗯？是喔？」感覺不再那麼糟，就這麼一步步被調教得服服貼貼了。

我是在回老家時才發現自己被調教成功。秋田老家那裡當時老爸老媽都還在，由妹妹繼承家業。

一回老家，我就對太太說：「怎麼還坐著，去做些什麼下酒菜端出來啊。」

但是我太太嘴裡說：「好、好、好～」卻完全不去做呢。她只是說：「好、好～」站在廚房那裡做做樣子，不是跟老媽聊個沒完，就是大口吃點心。

「妳到底在幹嘛啊？」被我這麼一說，她還是只說：「好、好、好～。」

接著，她會讓我看一下她有在做正事了。

然而，老媽竟然對我說什麼：「你說那什麼話啊，人家是跟你一起來做客的，別那麼說。」

結果我太太回：「不會啦，沒關係，我們爸爸很偉大的。沒關係喔。」

每次回老家，這樣的對話上演幾次後，老媽對我說：「你已經完全被人家掌握在手心裡了。雖然擺出一副大男人主義的樣子，但完全逃不出太太的五指山囉。」這時候我才恍然大悟（笑）。

換句話說，我想告訴尋求諮詢的妳，先生想說什麼就讓他說，最後讓他在自己的幾套行動劇本裡行動是最理想的。

把他想成是「容易調教的單純男人」就好。要是先生不是這種類型的人，就要更高段的因應方式了。

現在呢，我太太已經是個自由人囉。讓先生怎麼樣都翻不出自己的手掌心，一邊自在的在這個世界昂首闊步。

四十歲左右的頑固男人是「調教適齡期」

假設妳先生年紀在四十歲前後，正好是調教的時期呢。

妳先生在這個歲數，對工作正蓄勢待發，脂肪也持續囤積。因為不年輕了，人也開始頑固了起來。

也就是說，個性方面是不會突然說變就變的。先生會有哪幾套行動劇本，比他年輕時的可預測性越來越高，對於操控先生的太太而言，執行起來也比較容易。畢竟很了解先生的個性了。

在吹捧之外，對話中不經意夾雜「感謝話語」會更好。像是「親愛的，自己都這麼累了，還要幫忙安排這些，很辛苦吧。謝謝」，只要聽太太這麼說，先生也會有好心情。就算找不到吃午餐的地方，聽到人家說一句「謝謝」，滿心煩躁也會煙消雲散的。

要妳說這些話，起初會覺得麻煩吧。或許會想「我為什麼得處處顧慮先生的心情啊。」但是如果想改善狀況，請嘗試在對話中夾雜延續溝通的這麼一句話。先生的態度應該會隨之慢慢改變的。

所以從今天開始，請展開調教計畫吧。如果是三十幾歲的夫妻，或許還是互相調教，並不是單方面被調教的關係。但是四十歲前後，正是適合調教先生的時期。

妳絕對做得到。

跟妳先生一模一樣的我，現在都被調教得服服貼貼了，這一招不會錯的。

A

總之大力吹捧他，好好調教先生吧！

Q

神經衰弱狀態的妻子出現暴力傾向

我是某精密機械製造業的中小企業董事長兼社長。妻子大概在十年前長女出生後，罹患輕微的育兒精神衰弱，所以我們從東北★搬到北信越地區★，轉職到妻子老家經營的微型企業。五年前，我就任社長一職，業績比起我剛進公司那時好一點，但是一方面因為我個人能力不足，這幾年持續陷入幾乎無法盈利的狀況，現在還是沒能擁有自己的房子，在狹小老舊公寓裡已經持續住了十年。

在此狀況下，妻子完全陷入精神衰弱狀態。常對我或女兒發火，語言暴力可說是家

常便飯。還說家裡很髒，到處噴灑除菌噴霧，然後重複擦拭。洗衣機整天轉個不停。從外面回家或是上完廁所（大號），就一定得沖澡。

所以，我週末也無法待在家裡，寧願躲在車上之類的消磨一整天。在公司裡，現任會長（我岳父）明明沒在工作，卻老說這個不行、那個不行，打擊我與職員的幹勁。我一直以來都很努力想重振公司，但最近不論身心都已經疲憊不堪，慢慢搞不清楚到底該從何著手才好了。

（44歲 男性 公司職員）

★**譯注：**東北：日本本州東北區域，一般意指青森、岩手、宮城、秋田、山形、福島六縣。
北信越地區：指包括日本北陸三縣（富山縣、石川縣、福井縣）與信越地區（長野縣、新潟縣）的區域。

可以先來聊聊廁所嗎

在進入正題之前，女性中有很多這種人吧？以下想聊的是跟廁所相關的話題……。我有朋友在家上廁所都提心吊膽的耶，說是在家會盡可能忍耐，不去廁所。「為什麼？」被這麼一問，對方就回答：「太太要我蹲著上。」像我，都站著上就是了。

那位朋友啊，不論大號小號，每次上廁所都被叮嚀「老公，上完廁所，馬桶旁邊全部要清潔過才能出來」。我都建議他們「你啊，既然是獨棟房子，就蓋一間自己專用的廁所啦」。尋求諮詢的你，是上完廁所得沖澡啊……

我想，只要是男性同胞應該都能了解，坐著小便，總覺得欲振乏力的啊，總覺得小小的，滴滴答答的——不同世代有差異嗎？

「馬桶會弄髒，所以坐著上。」有人會這麼說，但是我每次用完都會擦乾淨，避免弄髒馬桶。反而是我想抱怨老婆呢。「我說妳啊，每次不是都我在擦嗎？妳有時候也注意一點，自己擦一下啊。」

出乎意料的，我也有潔癖的這一面呢。一打開廁所，有點髒汙就會去擦。

抱歉，得言歸正傳了。

將分居列入考慮，暫時斬斷一切

首先，光閱讀你的說明，會覺得圍繞著你的環境、所有人都逐漸陷入「負面連鎖」。不論是夫妻關係或與公司的關係，全都馬不停蹄、毫不停歇的朝負面谷底衝去。現在要討論的是，有什麼打破僵局的對策吧。

既然所有人都朝著糟糕的方向衝去，就算多少可能有帶來痛苦的風險，也應該嘗試一次，將一切全都斬斷。

首先是夫妻關係。你們已經陷入關係崩壞狀態，再這麼繼續下去，下一步就要毀滅。從崩壞走向毀滅，不論是經濟層面、精神層面或愛情關係都一樣。

此時，不祭出對策是不行的。首先對於你太太而言，「你的存在」本身已經成為精神狀態惡化的主因。所以，唯今之計只有分居一途。

如果兩個人在一起對雙方來說都帶來負面影響，沒有任何好事，那只會讓你太太的精神衰弱問題更惡化而已。所以，必須分居。

只要你在，你太太腦子就會越來越不正常。既然她這麼認為，兩人暫時拉開一些距離看看。不做到這一步，就無法擺脫現在這宛如地獄的狀態喔。

儘管當上社長，身為公司所有者的會長卻什麼工作都不做，成天指三道四，害你自己和員工拚勁全失。既然如此，跟會長說「要辭社長一職」如何？

請會長回鍋社長

「會長，可以請您再當社長嗎」、「在會長底下，我沒辦法以公司領導者的身分經營公司」——嘗試這麼說清楚。只是，你立刻辭職的話，這家公司會更陷入困境吧。

如果公司是這種狀況，可以說「生產部長也好、營業部長也好，我想暫時回歸當社長之前的職位，在這樣的職位上為這家公司出力」。同時，也可以試著拜託：「與妻子繼續住在一起，只會讓彼此陷入不幸。可以讓妻子暫時住到會長那裡去嗎？」

事態都已經惡化到這種地步，會長可以父親的身分接回女兒。當然，我不知道實際上他想怎麼做就是了。

總之，我想洗衣機整天轉個不停，的確是有些異常。不過，我家的洗衣機也常常轉個不停呢（笑）。

我想說的是，當身邊的人正從崩壞陷入毀滅狀態，身處風暴正中心的你必須有所決斷，斬斷那樣的發展趨勢。

你才四十四歲，還很年輕嘛，今後的人生還長得很。而且你經營過一家陷入困境的公司，所以，我想你可以帶著這樣的相關資歷轉職。不過，突然與太太分居又轉職，可能會嚇到周遭的人，所以按部就班的進行，最後完全脫離這種狀態，也是可能的選項之一。

貴公司所有者兼會長，恐怕年過七十還是保持這種強人性格，所以還是儘早請會長領回社長寶座才好。

不論如何，身處現在這樣的狀況，還呆站在原地的話，可是會演變成最糟糕的狀況喔。說實話，我本來甚至想建議你「快逃命」，但是看來你對家人或員工都具有責任感，所以請做好心理準備，擬定優先順序，確實做出能幫自己擺脫現在狀況的決斷。

A

藉由分居或辭去社長一職，斬斷「負面連鎖」吧！

Q

公婆每週末都會過來，覺得很煩

每週末都來訪的公婆真的讓我很煩惱。在養兒育女最忙的時期，我每天都被時間追著跑，簡直是偽單親家庭。自己都佩服自己沒把身體搞壞，不論工作、家事或育兒都努力熬了過來。丈夫雖然是個溫柔的好人，但是工作忙，而我的老家又在其他縣，沒辦法拜託家人過來幫忙。丈夫老家（沒有住在一起）在縣內做自營業，每週末絕對會跑來看孫子，但是在我最需要幫忙的平日放學後或孩子生病時，卻沒辦法拜託他們照顧。之前曾開口拜託過，卻被拒絕。

現在孩子長大了，不再需要祖父母這麼操心，好不容易我能將百分之百的精力投注在自己身上，結果到了這個階段，每週報到的公婆卻讓我感受到「老了之後想住一起」的味道，老實說，真的讓我鬱悶到不行。而且，丈夫還一副天經地義的樣子。丈夫是孝順到讓人受不了的孝子，要是公婆建議住一起，他也拒絕不了。

最近，明明孩子不在家，但還是每個週末都報到，對於公婆這樣冒冒失失的闖入屬於我自己的時間，逐漸萌生「怎麼會有這麼自私的人啊」的厭惡。另一方面，公婆回去後，又會陷入自我厭惡，覺得「他們是丈夫重要的雙親，怎麼可以對年邁的他們懷抱厭惡感呢」。每個週末，真的覺得好累……。

（50歲　女性　公司職員）

首先，我想說的是，「妳很偉大，一直以來都很努力呢」。最近有孩子的雙薪家庭越來越多了，但是妳以前就開始與丈夫一起工作賺錢，還努力養兒育女，真的很拚呢。

只是就像妳說的，問題出在往後人生想百分之百將精力投注在自己身上。首先，應該老實向妳先生坦承心意吧。

別顧慮，請清楚的告知先生

「我已經一路努力到現在。好不容易結束養兒育女的階段，不再需要為兒女操煩。接下來，希望能專注投入於工作，還有喜歡的事物上。想再一次將精力投注在自己身上。只是，爸媽每個週末都來，有時候身心真的很累呢。」

請像這樣清楚表達心聲。

妳先生好像是非常溫柔的那種類型，大概會好好聽妳說吧。說完，再試著向先生這麼建議。

「請向爸媽說明，他們來訪的時候，我可能會因為公司業務或自己的休閒活動而不在家」。

「爸媽如果大概兩個月來一次的話，還能夫婦一起接待他們；每週的話，就真的太累人了。這件事，由你去說」、「如果說不出口，爸媽來的時候，要是我不在家，就說我是因為工作的關係、或回自己老家都好。總之你自己找個好理由」。

試著這麼拜託妳先生，只要先生願意這麼做，我想他的父母過沒多久也會了解妳的心情。

我的情況跟妳相反耶。我們在大阪結婚後，妻子一次都沒回老家呢。明明搭電車就能回去的，卻不回去耶。也不是說她跟老家感情不好，只是，就算是坐月子的時候，也不回大阪老家。

另一方面，卻願意回我秋田老家呢。不過，跟我們這次的諮詢內容相反，我太太過年或盂蘭盆節一回秋田老家，就什麼都不做，只是大剌剌的坐在那裡接受老媽和妹妹、妹夫款待，在客廳喝醉倒頭就睡也不會被罵。

我不太清楚，她到底是基於什麼心態採取那種態度，只是多虧太太與老家的這種關係，我還不曾被所謂的「婆媳關係」困擾。

不過，我的情況或許不常見吧。所以妳如果有相關煩惱，還是應該先告訴妳先生才對。我想不論是妳先生或是公婆都能了解，妳並不是討厭公婆，也不是不重視他們。

只要一路從旁看著妳邊工作、邊盡心盡力守護家庭的身影，他們就能了解吧。而且姑且不論好壞，公婆不是每週末都來家裡造訪嗎？

妳先生眼見這種狀況，或許想成是「我家老婆跟爸媽每週見面，一定是心意相通、相處融洽」。妳先生甚至可能因此主動邀請公婆「這個禮拜什麼時候過來？下週也來嗎？」。

因此，清楚說出「公婆每週都過來，讓我身心都感到非常疲憊」比較好。如果每週都來，由妳先生陪兩位老人家出去走走，不是也很不錯嗎？試著提出這樣的建議如何呢？

要是錯失這個改變的好時機，繼續拖拖拉拉的話，彼此間的問題或許會這樣持續下去。

所以妳要加油喔。

A

爲了歌頌自己的人生，請拋開顧慮，表達自己的痛苦。

Q

每歷經一次繼承，資產就會減少

我目前負責管理大家族列祖列宗遺留下來的土地或建築物。擔任村長的祖父那一代歷經農地改革，祖先擁有的土地因此縮小不少，再歷經祖母、父母的繼承，如今好不容易才守住町內的一角土地。我很擔心這種狀況，祖產再由我繼承後，不知道會變成什麼樣子。

在此情況下，我有個獨生子就讀當地私立國中。兒子現在卻對唸書沒興趣，抱持著「分數達到平均值就好」的心情過一天算一天，不好好用功。今後的不動產租賃業將因

少子化邁入嚴峻時代，在此同時，遺產稅的負擔也越來越沈重，未來如果不好好運用智慧，根本無法繼續守住列祖列宗的土地或建築物。

今後必須好好運用手上資產，但是不夠聰明又會被騙。我每天都告誡兒子身為繼承者，必須做好相關心理準備，但要怎麼樣才能讓兒子振作起來呢？請給我一些建議吧。

（52歲　男性　公司董事）

現在已經不是那種時代了

嗯，我很了解這種狀況呢。我鄉下同町的同學，也有像這樣的兒子。我想，你一定是住在外地城市的大地主吧。

只是，儘管過去生活很好，歷經戰後的農地改革後，土地漸漸變少了吧。但是以這樣的境遇看來，大地主還是一樣不用工作就能享有各種收益，的確有讓人羨慕的地方呢。

然而，今非昔比，現在已經不是那個時代了喔。祖產繼承三代之後，大概也耗盡了。日本這個國家的稅制、機制就是這樣設計的。

即便如此，能憑藉不勞動的所得過生活，也只有在大都會圈或外地菁華地段擁有穩健增值的不動產物件的人才辦得到吧。出售不動產獲得現金，去做其他生意則另當別論；要是財產就這麼一直持有卻不運用，是會坐吃山空的。

這個時代，已經無法完全守住列祖列宗的財產了

因為國家整體機制已經變成這個樣子，你只好看開點想，「這也無可奈何」。因此，你不應該思考要怎麼將兒子送進穩當的好學校，或讓兒子繼承家業，而應該思考兒子在今後的時代如何活下去才最幸福，不是嗎？

今後的世界，可是會比我們現在的時代更加急速變化喔。儘管如此，你卻還是想要依附總有一天會歸零的財產，讓兒子去繼承守護家業的工作，這樣真的好嗎？

我個人希望你能多思考做生意或什麼的，其他更能拓展兒子可能性的選項。「你完全不需要繼承家業」，我想你該開始對兒子這麼說喔。

前面提到我的同學，大概有兩個是從以前就開始做生意的地主，但是那裡的房子已經不住人了。因為，財產已經全部耗盡。

就算繼承遺產，持有土地的話反而會被徵收不動產稅或什麼的，利潤一毛都不剩。只一直支出稅金也不是辦法，所以大家都把資產處理掉，換成現金後分給孩子。

孩子長大後都到東京等大都市去，有的當公司職員、有的做其他事業，分別過著自己的人生，而不是守護祖產的人生呢。「子子孫孫靠著列祖列宗的財產就能吃喝不盡」，這種想法不但老舊，說到底根本不可能。所以，還是儘早做個了斷吧。

你自己應該也很清楚

「好不容易才守住的」，你自己不也這麼說嗎？

所以說，你也覺得很辛苦吧。明明守得這麼辛苦，卻為了守護家業，說什麼「身為繼承者的心理準備」。你兒子也是國中生了，他其實隱約感受得到，現在這樣的狀況很難長久持續下去。

請持續守護兒子，直到他成為一個頂天立地的社會人為止，並且從旁支持他能走屬於自己的人生。

想讓他跟你一樣，繼承列祖列宗的財產，說什麼「你的任務就是守住祖產，然後傳給下一代」，這已經不可能了。

相反的，趁祖產還有價值時，縝密計算自己的退休基金，還有孩子將來所需的資金，為更光明豐富的臨終活動★做好準備吧。

年輕人就運用嶄新點子創業吧

例如，告訴你兒子「教育費那種小錢我會出，其他資產我也會全部用在你身上。我要讓你從束縛中解放」，他聽了會不會奮發圖強啊？父親都下定決心，為自己的將來打算了，兒子也會開始認真思考自己的將來吧。

現在已經不是必須守護列祖列宗土地或場所的時代了，去創造什麼新事業，自己創造新的財產吧。為此，列祖列宗的土地就全部給你吧。

在不動產還有價值時先處理，扣除本身退休金，剩下的就讓兒子去做一番新事業，又或思考這方面的事情吧。

你只有五十二歲，在年過七十的我看來都還年輕得很，你可不能只想幹同樣的事情喔。

我也建議朋友處理祖產

我想，很多人都懷抱像你一樣的煩惱。

我同學也是，離鄉去了東京，在一家有規模的企業工作。聽說老家那邊總叫他回來啊、回來啊，他最後沒辦法，再次調查老家的狀況，才發現現況糟透了。

老家當時擁有的土地建物都已經沒人住，也沒租人。每年要繳交固定資產稅，維護費用也很龐大。整天被催著繼承家業，他實在是一個頭兩個大，所以我才會這麼對他說。

★譯注：臨終活動，日文簡稱「終活」。意指迎接人生終點，投入像是完成最後心願、醫療殯葬準備、遺產處理等活動。

「我說你啊，去跟老爸老媽說清楚。自己根本不可能繼承，所以請他們把家產全部賣掉，到東京住社區公寓或哪裡，好好享受豐富的老後生活。」

我還說：「要是不儘早處理，價值很快就歸零的。不止那樣，光是稅金就會讓家產變負資產喔。」

他們真的聽我的話，將家產全部處理掉，已經不住在家鄉了。

那位朋友後來很感謝我呢。畢竟那裡人口減少已經勢不可擋，是人口流失問題越來越嚴重的地方。

如果你住在像東京之類的大都市，現在更是賣掉的好機會不是嗎？繼承祖產可是很吃力的喔。

唉，這麼一來鄉下地方會變得越來越寂寥。我對此感覺很複雜呢。畢竟我也是鄉下人。

不過，這並不是誰的錯。

只是，那樣的時代已經來臨而已。光憑一己之力是沒辦法阻止的，包括社會結構、稅制、人口過少化……一切的一切。

也正因如此，要是緊抓著列祖列宗的土地不放，不就等於阻礙年輕人發揮各種可能性嗎？年輕人如果能藉新點子發展新事業，或許還能有助於地方活化呢。要發展事業也不見得要在東京嘛。

好好冷靜的判斷這些事情會比較好。

當然，也是有祖產幫大忙的例外喔。

那就是溫泉。那是每個孩子都想繼承的夢幻事業呢（笑）。

當然，不能在沒有人潮湧入的區域經營溫泉設施，因為完全不符合投資成本。

我所謂的例外，是像世界遺產——白神山地的山麓之類的。如果是那種地方，別猶豫，趕緊去挖溫泉比較好呢（笑）。

A

別死守土地。「祖產」反而綁住孩子。

Q 屆齡退休後，對於同學會感到自卑

我收到同學會的邀請函。與六十歲屆齡退休的我相較之下，同學中有人擔任公司董事，正如石川啄木★所說「昔日眾友人、看似更飛黃騰達、自慚形愧日」。

雖然我也想重溫舊時情誼，但只要想到在同學會上露面就感覺自卑，無法融入大家的對話，對於是否出席感到遲疑。

我該怎麼切換這樣的心情呢？有沒有什麼方法？

（64歲　男性　無業）

★**譯注：**一八八六～一九一二，日本著名詩人。

我認為你完全不需要自卑喔。

說到跟我同期進公司的人，也就是「伊藤忠商事」時期的同事，大部分人都已經在六十歲時屆齡退休。到了六十四、六十五歲時，大概有九成都已經退休了。成為董事的人少之又少。

然而，舉辦什麼同期聚會，幾乎所有人都會出席耶。他們都對我說些像是「你還在堅守崗位工作，真是辛苦啊」。

「上田，我啊不像你，不想被人一直吩咐去做那個工作，去做這個工作，所以年齡一到就退休了。你啊，能者多勞，辛苦了」——還會被這麼說呢。

表面凹凸不平的水果被送到家裡來

於是，我反問：「那你現在在做什麼呢？」

此時會聽到各種答案。像是跟太太去溫泉旅行啦、國外旅行啦，跟太太一起打高爾夫啦。閱讀以前一直沒時間看的書啦，還有人說最近在忙果園的事。

「像你啊，去弄個果園做生意，也會倒閉的啦。」我這麼一嘲弄，對方竟然說：「現在也不是說要靠果園營利，只是做好玩的啦。」他後來還說：「下次送水果去你家喔。」過一陣子，還真的寄來了，而且還是有夠凹凸不平的水果呢（笑）。另外，還有蘋果或水蜜桃之類各式各樣的水果。

及早退休的人，都是「終活」的大前輩

簡單來說，像我可以請教他們什麼呢？無非就是關於自己的生活小故事，也就是所謂的「終活」。我對於該怎麼度過那所剩無幾的人生，真的是很有興趣呢。

及早從現職退休的人，都是終活的大前輩耶。

我希望那些大前輩，能教我如何將自己人生的最後階段過得豐富精彩。

其中，當然也有失敗的人。有興致沖沖的想做這個、想做那個，最後把退休金花個精光的人喔。

「那現在怎麼辦啊」，被這麼一問，只好說「唉，就靠年金跟兒子過囉」，本人倒是一

派輕鬆呢。但是，這也是一種生存方式，我全都想向他們請教。

像我這樣的人想必也很多吧。對於百轉千迴當上董事或社長的人而言，進行終活的時間相對也變得比較短。

因此，你完全沒必要自卑。一旦退休，職場人生至此就完全被重新設定，實際上同期聚會等場合，幾乎沒什麼人會聊工作啦。會聊的話題都是離開公司後現在做什麼、以後要做什麼，又或者想要做什麼。

有人說想搭郵輪，也有人說要買超高級的進口跑車。真是的……實在很想吐槽他，要是在高速公路上逆向行駛怎麼辦啦（笑）。

不過呢，聽到有人分享什麼事以前上班時做不到，但「現在在做這個」、「今後想做那個」，是很開心的。聽各式各樣的老後失敗經驗也很有趣。而且，果不其然很多是與太太有關的失敗經驗。像是，女人會變成這樣喔、我太太竟然做出這種事情來耶——聽這些事，其實還蠻開心的。

順道一提，我們每年都舉辦大學同學會。

參加的，有很多人都住過同間宿舍。公司相關的聚會，則一年辦二到三次；彼此絕對不會聊到什麼董事啦、幹部職怎樣啦等話題。因為聊的全都是今天、明天、明年，自己還會不會活著呢（笑）。

尋求諮詢的你，也完全不需在意。相反的，在那些當過董事的人眼中，你可是大前輩呢。像我，平常跟大學同學啦、「伊藤忠」相關的老友往來交際。長期以來，因為也走過各種不同公司，就算不是自己待過的公司，也認識形形色色的客戶。

無論如何，就是將工作方面的關係算是劃下句點的人齊聚一堂，之前彼此在公司是什麼樣的力學關係、是什麼樣的交易關係等，與現在的互動毫無關連。而且不這樣的話，也無法長久交往。

所以，這樣的聚會，還是出席比較好。用開放的心胸，輕鬆赴約就好。

最重要的是「身心都健康」

我成為諮詢顧問後，最在意留心的，就是「身心要儘量同時永保健康」。

大家年過七旬，身體大概像車子一樣，總會有哪裡損傷，這是理所當然的。所以，身心同時好好保持「正常」是最重要的。就算是中古車，只要確實保養，還是能好好行駛吧。就是不希望事情演變成「引擎發不動」、「輪胎動不了」之類的呢。而且，還不只身體喔。「心」也是很重要的。

例如興趣是種植梨子或蘋果，就算味道不到做為商品販售的地步，種出來自己吃掉，也會變得健康。住在能種植出水果的地方，不是要靠種植水果賺錢，只是當成興趣讓內心充實，這樣就會變健康喔。

送給妻子整套高爾夫球具

夫妻共同享受終活也很好。

我之前跟妻子一起去旅行。在開完股東大會後一個月之間，開車大概開了三千公里，去了很多地方。造訪溫泉途中就去參訪寺院，看看大自然。

只是，光泡溫泉好像還是少了那麼一點，所以最近在網路上訂了整套高爾夫球具、高爾夫球衣、高爾夫球鞋，送給老婆當禮物。

老婆一看送來的商品就說：「等等，送來的是女用的耶。」

我說：「那是給妳的啊。」

她隨即說：「那我要去高爾夫球教室上課。」

我回答：「怎麼可以去那種地方。我現在有空了，可以從頭到尾當妳的教練，所以一起去球場吧。」

於是，我大概早上五點起床，東忙西忙的打點一切，大概六點才叫她：「起床囉～」叫醒老婆後讓她準備，然後一起上車咻的出發。

「是要去哪裡啊？」就算被這麼問，我也只會說：「我都計劃好了，妳只管睡覺就是了。」（笑）。

假日我們都會出門耶。從週五開始休假，來個三天兩夜小旅行之類的。

所以我，大概不會有「突然沒事可做，整個人也變得越來越奇怪」的情況吧。必須想事情做，這已經成為我樂此不疲的期待了。

我太太其實也喜歡開車呢。說起來，她還曾瞞著我，自己跑去做某件事呢。那是年輕時的事了。

有一次，我忍不住對她說出這樣的話：「妳什麼證照都沒有，也沒有特殊技能。」之後，她突然之間開始常常晚歸。

我當時覺得「她最近很怪耶」，還想說「等等，該不會是陷入那個世界了吧」。

那時候懷疑是去牛郎酒店呢（笑）。

妻子會在驗車場磨練駕駛技術

當時突然發現，我太太背著我不知道在什麼地方，買了看起來很貴的衣服或戒指。當然，我就去逼問她：「這些東西是怎麼回事？」

結果，她竟然回說：「這是用我自己的錢買的，所以不想聽人家抱怨。」

「妳在做什麼啊？」這麼一問，才知道她在驗車場工作呢。負責將檢驗完畢的車子，開到顧客那裡去呢。這工作要由一個人開著檢驗完畢的車輛，另一人開車在後面跟著，回程再兩人同車回公司。

說到為什麼要做這份工作，原因就是我說出那句「像妳，手上沒有任何技能」。她要證明自己擁有駕照。是我激發了老婆的好勝心。

另外，雖然不是大型車輛，但是她好像也考取了貨車駕照。不過呢，我當上「全家」社長時，驗車場主管對她這麼說：

「上田太太，我看報紙才知道，妳先生不是『全家』的社長嗎？」

據說對方還告訴她：「這樣，應該沒辦法繼續做我們公司的貨車配送業務了吧。」所以她才辭去驗車場工作，但是駕駛技術還是一級棒。

之後去旅行時，我們都是輪流開車，兩個人去了很多地方。萬座溫泉、伊東溫泉，還有輕井澤、比較近的千葉等有名寺院，全都走過一輪。

所以，我很期待完全引退後的終活。

A

你是「終活」的大前輩，完全不需要自卑。

結語

各位覺得怎麼樣呢？我也並不是一路走來都能順利因應各種困難，常常也會覺得「哎呀，那時候這麼做就好了」。同事或認識的人之中，也有人陷入負面連鎖，無法從中掙脫，就此沈淪。所以本書希望根據我自身的經驗，配合諮詢者的狀況、性格或思考模式，儘量提出我的個人建議。

長期以來，針對為數眾多的煩惱提出建議，再次深刻感受到不論工作或家庭，又或任何煩惱，全都因為有個「對象」所致。主管、部屬、男女朋友、朋友、妻子、丈夫、雙親等，只要生活在這個世界上，在不同的時間點，周遭肯定會有個「夥伴」，而多數煩惱都是內心懷抱著對於那個夥伴的恐懼、憤怒、不滿或疑心等，才會陷入痛苦。然而，明明是足以影響自己人生的重要夥伴，所以千萬不能先入為主的斷定「他（她）是會對自己產生負面作用的人」。

人在煩惱時，視野無論如何都會變得狹窄，有時也很容易陷入自我本位思考，這種情況不能長久持續下去，必須從某個地方改變「觀點」才行。例如，不妨嘗試站在對方立場想想，對方會怎麼看待自己呢？光是這樣，就能以不同視角解讀眼前事物。

「就那麼一次也好，首先嘗試拋棄自我。」這是很重要的呢。

這並不是說只為對方著想喔。完全是為了整理自己的狀況，才必須捨棄自我。如此一來，我想也會比較容易切換心情。

最後我再重申一次，痛苦的不是只有你。

越是痛苦的時刻，更要懷抱「元氣、勇氣、夢想」開朗的活下去喔！

二〇一八年　九月吉時　上田準二

全家便利商店上田顧問的
元氣相談室
とっても大きな会社のトップを務めた「相談役」の相談室

作　者	上田準二
譯　者	鄭曉蘭
總監暨總編輯	林馨琴
責任編輯	楊伊琳
行銷企畫	趙揚光
美術設計	賴維明
插　畫	Ms.David

—

發行人	王榮文
出版發行	遠流出版事業股份有限公司
地　址	臺北市南昌路 2 段 81 號 6 樓
客服電話	02-2392-6899
傳　真	02-2392-6658
郵　撥	0189456-1
著作權顧問	蕭雄淋 律師

—

2019 年 11 月 1 日　初版一刷
新台幣 320 元（如有缺頁或破損，請寄回更換）

—

ISBN　978-957-32-8667-7

—

遠流博識網　http://www.ylib.com/
E-mail　ylib@ylib.com

全家便利商店上田顧問的元氣相談室 / 上田準二著；鄭曉蘭譯. -- 初版. -- 臺北市：遠流，2019.11
面；　公分
譯自：とっても大きな会社のトップを務めた「相談役」の相談室
ISBN 978-957-32-8667-7(平裝)

1. 職場成功法

494.35　　108017042

國家圖書館出版品預行編目 (CIP) 資料

TOTTEMO OKINA KAISHA NO TOP WO
TSUTOMETA SODANYAKU NO SODANSHITSU
written by Junji Ueda

Originally published in Japan by Nikkei Business Publications, Inc.
Traditional Chinese translation rights arranged with Nikkei Business Publications, Inc.
Through Bardon-Chinese Media Agency.